国家职业教育工程造价专业
教学资源库配套教材

高等职业教育新形态一体化教材

园林工程计价

▶ 主 编 侯 玲
▶ 副主编 陈黎霞 杨小女

中国教育出版传媒集团

高等教育出版社·北京

内容提要

本书为国家职业教育工程造价专业教学资源库配套教材。全书分为九个项目，理论部分包括工程造价的构成、全过程造价、园林工程清单及清单计价三个项目，园林工程计价结合工程实际案例部分由园林绿化工程、园路工程、园林景观工程、砖细石作工程、屋面工程、仿古建筑工程六个项目构成。本书配套了国家职业教育工程造价专业教学资源库课程"园林工程计价"，实现了传统教材与数字课程相融合，降低了学习的难度，教材内容引用实际工程案例，提高了学生园林工程计价的实操能力。

与本书配套的在线课程已在"智慧职教"平台上线，学习者可登录网站进行在线学习，也可通过扫描书中二维码观看部分教学资源，详见"智慧职教"服务指南。

本书可以作为高等职业教育本科工程造价、园林工程及园林景观工程专业的教材，也可作为高等职业教育专科工程造价、园林工程技术及其他相关专业的教材，还可作为建设单位、设计单位、施工单位、咨询单位、监理单位等企事业单位的工程技术人员和管理人员的培训教材或参考书。

授课教师如需要本书配套的教学课件资源，可发送邮件至邮箱 gztj@pub.hep.cn 获取。

图书在版编目（C I P）数据

园林工程计价/侯玲主编． -- 北京：高等教育出版社,2022.9
ISBN 978-7-04-058749-4

Ⅰ.①园… Ⅱ.①侯… Ⅲ.①园林-工程造价-高等职业教育-教材 Ⅳ.①TU986.3

中国版本图书馆 CIP 数据核字（2022）第 098608 号

园林工程计价
YUANLIN GONGCHENG JIJIA

| 策划编辑 | 温鹏飞 | 责任编辑 | 温鹏飞 | 特约编辑 | 李 立 | | 封面设计 | 马天驰 |
| 版式设计 | 徐艳妮 | 责任绘图 | 李沛蓉 | 责任校对 | 商红彦 | 吕红颖 | 责任印制 | 刘思涵 |

出版发行	高等教育出版社		网 址	http://www.hep.edu.cn
社 址	北京市西城区德外大街 4 号			http://www.hep.com.cn
邮政编码	100120		网上订购	http://www.hepmall.com.cn
印 刷	北京新华印刷有限公司			http://www.hepmall.com
开 本	850mm×1168mm 1/16			http://www.hepmall.cn
印 张	15.75			
字 数	390 千字		版 次	2022 年 9 月第 1 版
购书热线	010-58581118		印 次	2022 年 9 月第 1 次印刷
咨询电话	400-810-0598		定 价	40.80 元

本书如有缺页、倒页、脱页等质量问题，请到所购图书销售部门联系调换
版权所有 侵权必究
物 料 号 58749-00

"智慧职教"服务指南

"智慧职教"是由高等教育出版社建设和运营的职业教育数字教学资源共建共享平台和在线课程教学服务平台,包括职业教育数字化学习中心平台(www.icve.com.cn)、职教云平台(zjy2.icve.com.cn)和云课堂智慧职教 App。用户在以下任一平台注册账号,均可登录并使用各个平台。

● 职业教育数字化学习中心平台(www.icve.com.cn):为学习者提供本教材配套课程及资源的浏览服务。

登录中心平台,在首页搜索框中搜索"园林工程计价",找到对应作者主持的课程,加入课程参加学习,即可浏览课程资源。

● 职教云平台(zjy2.icve.com.cn):帮助任课教师对本教材配套课程进行引用、修改,再发布为个性化课程(SPOC)。

1. 登录职教云,在首页单击"申请教材配套课程服务"按钮,在弹出的申请页面填写相关真实信息,申请开通教材配套课程的调用权限。

2. 开通权限后,单击"新增课程"按钮,根据提示设置要构建的个性化课程的基本信息。

3. 进入个性化课程编辑页面,在"课程设计"中"导入"教材配套课程,并根据教学需要进行修改,再发布为个性化课程。

● 云课堂智慧职教 App:帮助任课教师和学生基于新构建的个性化课程开展线上线下混合式、智能化教与学。

1. 在安卓或苹果应用市场,搜索"云课堂智慧职教"App,下载安装。

2. 登录 App,任课教师指导学生加入个性化课程,并利用 App 提供的各类功能,开展课前、课中、课后的教学互动,构建智慧课堂。

"智慧职教"使用帮助及常见问题解答请访问 help.icve.com.cn。

序

职业教育工程造价专业教学资源库项目于 2016 年 12 月获教育部正式立项(教职成函〔2016〕17 号),项目编号 2016-16,属于土木建筑大类建设工程管理类。依据《关于做好职业教育专业教学资源库 2017 年度相关工作的通知》,浙江建设职业技术学院和四川建筑职业技术学院,联合国内 21 家高职院校和 10 家企业单位,在中国建设工程造价管理协会、中国建筑学会建筑经济分会项目管理类专业教学指导委员会的指导下,完成了资源库建设工作,并于 2019 年 11 月正式通过了验收。验收后,根据要求做到了资源的实时更新和完善。

资源库基于"能学、辅教、助训、促服"的功能定位,针对教师、学生、企业员工、社会学习者 4 类主要用户设置学习入口,遵循易查、易学、易用、易操、易组原则,打造了门户网站。资源库建设中,坚持标准引领,构建了课程、微课、素材、评测、创业 5 大资源中心;破解实践教学痛点,开发了建筑工程互动攻关实训系统、工程造价综合实务训练系统、建筑模型深度开发系统、工程造价技能竞赛系统 4 大实训系统;校企深度合作,打造了特色定额库、特色指标库、可拆卸建筑模型教学库、工程造价实训库 4 大特色库;引领专业发展,提供了专业发展联盟、专业学习园地、专业大讲堂、开讲吧课程 4 大学习载体。工程造价资源库构建了全方位、数字化、模块化、个性化、动态化的专业教学资源生态组织体系。

本套教材是基于"国家职业教育工程造价专业教学资源库"开发编撰的系列教材,是在资源库课程和项目开发成果的基础上,融入现代信息技术、助力新型混合教学方式,实现了线上、线下两种教育形式,课上、课下两种教育时空,自学、导学两种教学模式,具有以下鲜明特色:

第一,体现了工学交替的课程体系。新教材紧紧抓住专业教学改革和教学实施这一主线,围绕培养模式、专业课程、课堂教学内容等,充分体现专业最具代表性的教学成果、最合适的教学手段、最职业性的教学环境,充分助力工学交替的课程体系。

第二,结构化的教材内容。根据工程造价行业发展对人才培养的需求、课堂教学需求、学生自主学习需求、中高职衔接需求及造价行业在职培训需求等,按照结构化的单元设计,典型工作的任务驱动,从能力培养目标出发,进行教材内容编写,符合学习者的认知规律和学习实践规律,体现了任务驱动、理实结合的情境化学习内涵,实现了职业能力培养的递进衔接。

第三,创新教材形式。有效整合教材内容与教学资源,实现纸质教材与数字资源的互通。通过嵌入资源标识和二维码,链接视频、微课、作业、试卷等资源,方便学习者随扫随学相关微课、动画,即可分享到专业(真实或虚拟)场景、任务的操作演示、案例的示范解析,增强学习的趣味性和学习效果,弥补传统课堂形式对授课时间和教学环境的制约,并辅以要点提示、笔记栏等,具有新颖、实用的特点。

国家职业教育工程造价专业教学资源库项目组
2020 年 5 月

前　言

随着现代教育技术的快速发展,专业知识的学习也不再仅仅满足于传统的纸质教材,数字媒体的发展将传统纸质教材与数字化教学资源相融合,逐渐发展成为一种教学新模式。在严谨、全面的传统教材基础上叠加生动直观的微课、动画等数字资源,由此产生的新形态一体化教材开始引领教材建设新趋势。

为了实现"在教材中展示课堂,在课堂中活用教材",本教材引用大量工程实际案例,制作成配套数字资源,力求实现纸质教材、数字资源、教学终端一体化,打造新形态的《园林工程计价》教材。本教材依托国家职业教育工程造价专业教学资源库,在教材形式上突破了传统教材的局限,为传统课堂教学模式的创新提供了工具,以二维码形式获取资源的便利性支撑教师教学与学生自学,将教材、课堂、教学资源三者融合,营造教材即课堂、教材即教学、教材即教师的三位一体模式,极大地提高了教学资源的丰富性、动态性及学生学习的实效性。

本教材每个项目都设有"学习目标""重点难点"和"能力目标",配有大量的二维码链接微课或动画资源,以加强学习者对知识点的理解和巩固。项目后附有思考题,以巩固知识的吸收与内化。教材中除了工程造价基础知识与园林工程计价相关内容外,还设置了仿古建筑工程计价内容。为了便于初学者学习,教材对园林工程及仿古建筑工程的基础知识也做了详细介绍。书中采用了大量的图片和详实的案例,做到内容全面、文字简洁、图表丰富、通俗易懂。

本教材配套课程已在"智慧职教"平台上线,是国家职业教育工程造价专业教学资源库的组成课程。学习者可以登录该平台,获取相关的微课、动画、实训案例、教学课件、测试题等内容,同时学习者也可以在线交流学习心得,探讨学习中遇到的问题,进行头脑风暴。配套课程与教材内容相对应,二者相辅相成,相得益彰。

本教材由浙江建设职业技术学院侯玲任主编,浙江城建规划设计院有限公司陈黎霞和杭州园林设计院有限公司杨小女任副主编。全书编写分工为:项目一、项目二和项目三由侯玲编写;项目四、项目五和项目六由侯玲与陈黎霞共同编写;项目七、项目八和项目九由杭州园林设计院有限公司杨小女编写。本教材由侯玲统稿,陈黎霞校稿。教材配套的微课、动画资源由侯玲和陈黎霞制作。

在教材的编写过程中,参考了大量相关著作和微课资料,在此一并表示感谢。

由于编者水平有限,书中难免存在不足之处,敬请广大读者批评指正。

编　者
2022 年 4 月

目　录

了解工程造价构成,掌握建筑安装工程费构成,掌握进口设备原价构成,熟悉工程建设其他费用,掌握预备费的构成和利息计算。

重点难点

按照费用构成要素和造价形成内容划分的建筑安装工程费的项目构成、进口设备原价计算、预备费和利息的计算。

能力目标

本项目是全书的重点之一,通过对工程造价构成内容的内涵学习,掌握我国工程造价各项费用的构成,为园林工程计价打好基础。

任务一　工程造价构成概述

建设项目总投资是为完成工程项目建设并达到使用要求或生产条件,在建设期内预计或实际投入的全部费用总和。生产性建设项目总投资包括建设投资、建设期利息和流动资金三部分;非生产性建设项目总投资包括建设投资和建设期利息两部分。其中,建设投资和建设期利息之和对应于固定资产投资,固定资产投资与建设项目的工程造价在量上相等。

工程造价基本构成包括用于购买工程项目所含各种设备的费用、建筑安装工程的费用、用于工程建设的其他费用(如建设管理费、建设用地费、可行性研究费、勘察设计费、建设单位自身进行项目筹建和项目管理所花费的费用等),还包括项目预备费用以及项目建设期贷款的利息。总之,工程造价是按照确定的建设内容、建设规模、建设标准功能要求和使用要求等将工程项目全部建成并验收合格交付使用所需的全部费用。

工程造价的主要构成部分是建设投资,建设投资包括工程费用、工程建设其他费用和预备费三部分。工程费用是指直接构成固定资产实体的各种费用,可以分为建筑安装工程费和设备及工器具购置费;工程建设其他费用是指根据国家有关规定应在投资中支付,并列入建设项目总造价或单项工程造价的费用。预备费是为了保证工程项目的顺利实施,避免在难以预料的情况下造成投资不足而预先安排的一笔费用。建设项目总投资的构成如图 1-1 所示。

微课
工程造价构成

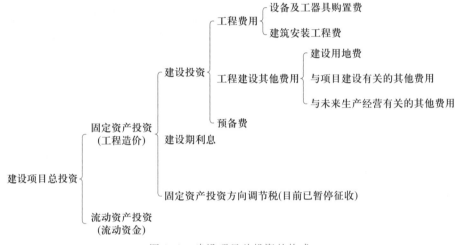

图 1-1   建设项目总投资的构成

任务二   建筑安装工程费

一、按照费用构成要素划分的建筑安装工程费的项目构成

建筑安装工程费按照费用构成要素划分,如图 1-2 所示。

按照费用构成要素划分,建筑安装工程费由人工费、材料(包含工程设备)费、机械费、企业管理费、利润、规费和税金组成。其中,人工费、材料费、机械费、企业管理费和利润包含在分部分项工程费、措施项目费、其他项目费中。

(一)人工费

人工费是指按工资总额构成规定,支付给从事建筑安装工程施工的生产工人和附属生产单位工人的各项费用(包括个人缴纳的社会保险费和住房公积金),其费用构成如下:

(1)计时工资或计件工资:按计时工资标准和工作时间或对已做工作按计件单价支付给个人的劳动报酬。

(2)奖金:对超额劳动和增收节支支付给个人的劳动报酬,如节约奖、劳动竞赛奖等。

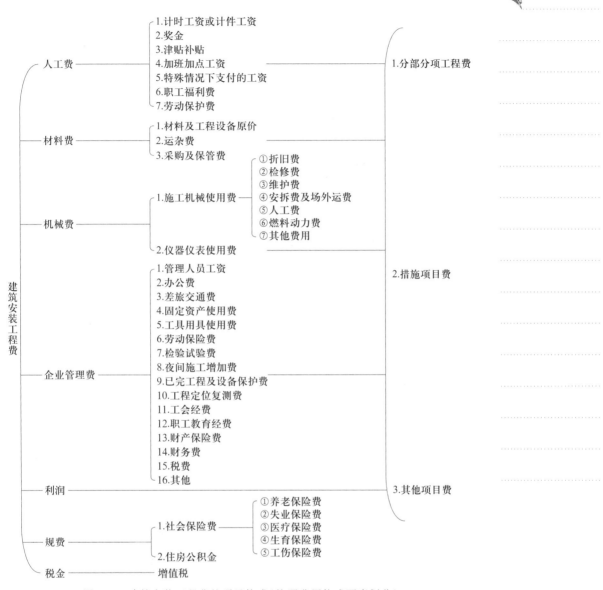

图 1-2　建筑安装工程费的项目构成(按照费用构成要素划分)

（3）津贴补贴:为了补偿职工特殊或额外的劳动消耗和因其他特殊原因支付给个人的津贴,以及为了保证职工工资水平不受物价影响支付给个人的物价补贴,如流动施工津贴、特殊地区施工津贴、高温(寒)作业临时津贴、高空津贴等。

（4）加班加点工资:按规定支付的在法定节假日工作的加班工资和在法定工作日工作时间外延时工作的加点工资。

（5）特殊情况下支付的工资:根据国家法律、法规和政策规定,因病、工伤、产假、计划生育假、婚丧假、事假、探亲假、定期休假、停工学习、执行国家或社会义务等原因按计时工资标准或计时工资标准的一定比例支付的工资。

（6）职工福利费:企业按照规定标准计提并支付给生产工人的集体福利费、夏季防暑降温费、冬季取暖费、上下班交通补贴。

（7）劳动保护费：企业按照规定发放的生产工人劳保用品支出，如工作服、手套、防暑降温饮料及保健费。

（二）材料费

材料费是指施工过程中耗费的原材料、辅助材料、构配件、零件、半成品或成品、工程设备的费用及周转性材料的摊销费，其费用构成如下：

（1）材料原价：材料、工程设备的出厂价格或商家供应价格。

（2）运杂费：材料、工程设备自来源地运至工地仓库或指定堆放地点所发生的全部费用，包括装卸费、运输费、运输损耗费及附加。

（3）采购及保管费：在组织采购、供应和保管材料、工程设备的过程中所需要的各项费用，包括采购费、仓储费、工地保管费、仓储损耗。

（三）机械费

施工机具使用费是指施工作业所发生的施工机械、仪器仪表使用费。

1. 施工机械使用费

施工机械使用费以施工机械台班耗用量乘以施工机械台班单价表示，施工机械台班单价由下列七项费用组成：

（1）折旧费：施工机械在规定的使用年限内，陆续收回其原值的费用。

（2）检修费：施工机械按规定的耐用总台班内，按照规定的检修间隔，进行必要的检修，以恢复其正常功能所需的费用。

（3）维护费：施工机械按规定的耐用总台班内，按照规定的检修间隔，进行各级保养和临时故障排除所需的费用。

（4）安拆费及场外运费：安拆费是指施工机械（大型机械除外）在现场进行安装与拆卸所需的人工、材料、机械和试运转费用以及机械辅助设施的折旧、搭设、拆除等费用；场外运费是指施工机械整体或分体自停放地点运至施工现场或由一施工地点运至另一施工地点的运输、装卸、辅助材料等费用。

（5）人工费：机上司机（司炉）和其他操作人员的人工费。

（6）燃料动力费：施工机械在运转作业过程中所消耗的各种燃料及水、电等费用。

（7）其他费用：施工机械按照国家规定应缴纳的车船使用税、保险费及年检费等。

2. 仪器仪表使用费

仪器仪表使用费是指工程施工所需使用的仪器仪表的摊销及维修费用。

（四）企业管理费

企业管理费是指建筑安装企业组织施工生产和经营管理所需的费用，其费用构成如下：

（1）管理人员工资：按规定支付给管理人员的计时工资、奖金、津贴补贴、加班加点工资及特殊情况下支付的工资等以及相应的职工福利费和劳动保护费。

（2）办公费：企业管理办公用的文具、纸张、账表、印刷、邮电、书报、办公软件、现场监控、会议、水电、烧水和集体取暖降温（包括现场临时宿舍取暖降温）等费用。

（3）差旅交通费：职工因公出差、调动工作的差旅费、住勤补助费，市内交通费和误餐补助费，职工探亲路费，劳动力招募费，职工退休、退职一次性路费，工伤人员就医路费,工地转移费以及管理部门使用的交通工具的油料、燃料等费用。

（4）固定资产使用费:管理和试验部门及附属生产单位使用的属于固定资产的房屋、设备、仪器等的折旧、大修、维修或租赁费。

（5）工具用具使用费:企业施工生产和管理使用的不属于固定资产的工具、器具、家具、交通工具和检验、试验、测绘、消防用具等的购置、维修和摊销费。

（6）劳动保险费:由企业支付的职工退职金、按规定支付给离休干部的经费、六个月以上病假人员工资、职工死亡补助、抚恤费等。

（7）检验试验费:施工企业按照有关标准规定,对建筑以及材料、构件和建筑安装物进行一般鉴定、检查所发生的费用,包括自设试验室进行试验所耗用的材料等费用。不包括新结构、新材料的试验费,对构件做破坏性试验及其他特殊要求检验试验的费用和建设单位委托检测机构进行检测的费用,对此类检测发生的费用,由建设单位在工程建设其他费用中列支。但对施工企业提供的具有合格证明的材料进行检测不合格的,该检测费用由施工企业支付。

（8）夜间施工增加费:因施工工艺要求必须持续作业而不可避免的夜间施工所增加的费用,包括夜班补助费、夜间施工降效、夜间施工照明设备摊销及照明用电等费用。

（9）已完工程及设备保护费:竣工验收前,对已完工程及工程设备采取的必要保护措施所发生的费用。

（10）工程定位复测费:工程施工过程中进行全部施工测量放线和复测工作的费用。

（11）工会经费:企业按《中华人民共和国工会法》规定的全部职工工资总额比例计提的工会经费。

（12）职工教育经费:按职工工资总额的规定比例计提,企业为职工进行专业技术和职业技能培训、专业技术人员继续教育、职工职业技能鉴定、职业资格认定以及根据需要对职工进行各类文化教育所发生的费用。

（13）财产保险费:施工管理用财产、车辆等的保险费用。

（14）财务费:企业为施工生产筹集资金或提供预付款担保、履约担保、职工工资支付担保等所发生的各种费用。

（15）税金:企业按规定缴纳的房产税、车船使用税、土地使用税、印花税等。

（16）其他费用:技术转让费、技术开发费、投标费、业务招待费、绿化费、广告费、公证费、法律顾问费、审计费、咨询费、保险费等。

（五）利润

利润是指施工企业完成所承包工程获得的盈利。

（六）规费

规费是指按国家法律、法规规定,由省级政府和省级有关权力部门规定必须缴纳或计取的费用,其费用构成如下:

1. 社会保险费

（1）养老保险费:企业按照规定标准为职工缴纳的基本养老保险费。

（2）失业保险费:企业按照规定标准为职工缴纳的失业保险费。

（3）医疗保险费：企业按照规定标准为职工缴纳的基本医疗保险费。

（4）生育保险费：企业按照规定标准为职工缴纳的生育保险费。

（5）工伤保险费：企业按照规定标准为职工缴纳的工伤保险费。

2. 住房公积金

企业按规定标准为职工缴纳的住房公积金。

微课
建安工程费(1)

（七）税金

税金主要指建筑服务增值税。

二、按照造价形成内容划分的建筑安装工程费的项目组成

按照造价形成内容划分，建筑安装工程费由分部分项工程费、措施项目费、其他项目费、规费、税金构成，如图 1-3 所示。

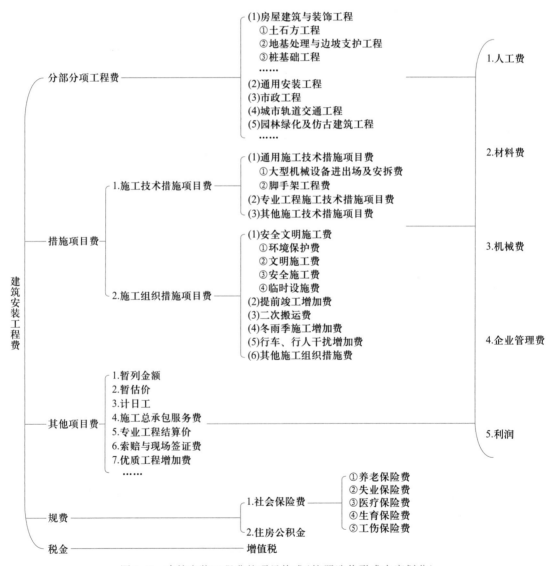

图 1-3　建筑安装工程费的项目构成（按照造价形成内容划分）

（一）分部分项工程费

分部分项工程费是指根据设计规定,按照施工验收规范、质量评定标准的要求,完成构成工程实体所耗费或发生的各项费用,包括人工费、材料费、机械费和企业管理费、利润。

（二）措施项目费

措施项目费是指为完成建筑安装工程施工,按照安全操作规程、文明施工规定的要求,发生于该工程施工前和施工过程中用作技术生活、安全、环境保护等方面的各项费用,由施工技术措施项目费和施工组织措施项目费构成,包括人工费、材料费、机械费和企业管理费、利润。

1. 施工技术措施项目费

施工技术措施项目费包括通用施工技术措施项目费、专业工程施工技术措施项目费和其他施工技术措施项目费。

（1）通用施工技术措施项目费。

① 大型机械设备进出场及安拆费:机械整体或分体自停放场地运至施工现场或由一个施工地点运至另一个施工地点所发生的机械进出场运输转移(含运输、装卸、辅助材料、架线等)费用以及机械在施工现场进行安装拆卸所需的人工费、材料费机械费、试运转费和安装所需的辅助设施的费用。

② 脚手架工程费:施工需要的各种脚手架搭拆、运输费用以及脚手架购置费的摊销费用。

（2）专业工程施工技术措施项目费。

（3）其他施工技术措施项目费。

2. 施工组织措施项目费

施工组织措施项目费包括安全文明施工费,提前竣工增加费,二次搬运费,冬雨季施工增加费,行车、行人干扰增加费,其他施工组织措施费。

（1）安全文明施工费,其费用构成如下:

① 环境保护费:施工现场为达到环保部门要求所需要的包括施工现场扬尘污染防治、治理在内的各项费用。

② 文明施工费:施工现场文明施工所需要的各项费用,一般包括施工现场的标牌设置、施工现场地面硬化、现场周边设立围护设施、现场安全保卫及保持场貌场容整洁等发生的费用。

③ 安全施工费:施工现场安全施工所需要的各项费用,一般包括安全防护用具和服装,施工现场安全警示、消防设施和灭火器材,安全教育培训,安全检查及编制安全措施方案等发生的费用。

④ 临时设施费:施工企业为进行建筑工程施工所必须搭设的生活和生产用的临时建筑物,构筑其他临时设施等发生的费用。

安全文明施工费以实施标准划分,可分为安全文明施工基本费和创建安全文明施工标准化工地增加费。

（2）提前竣工增加费:因缩短工期要求发生的施工增加费,包括赶工所需发生的夜间施工增加费、周转材料加大投入量和资金、劳动力集中投入等所增加的费用。

（3）二次搬运费：因施工场地条件限制而发生的材料、构配件、半成品等一次运输不能到达堆放地点，必须进行二次或多次搬运所发生的费用。

（4）冬雨季施工增加费：在冬季或雨季施工时所增加的临时设施，防滑、排除雨雪，人工及施工机械效率降低等费用。

（5）行车、行人干扰增加费：边施工边维持行人与车辆通行的市政、城市轨道交通、园林绿化等工程受行车、行人干扰影响而降低工效所增加的费用。

（6）其他施工组织措施费：根据各专业工程特点补充的施工组织措施项目的费用。

（三）其他项目费

其他项目费的构成内容应视工程实际情况按照不同阶段的计价需要进行列项。其中，编制最高投标限价和投标报价时，由暂列金额、暂估价、计日工、施工总承包服务费构成。编制竣工结算时，由专业工程结算价、计日工、施工总承包服务费、索赔与现场签证费、优质工程增加费构成。

微课
建安工程费（2）

1. 暂列金额

招标人在工程量清单中的暂列金额包括在合同价款中的一笔款项，用于工程合同签订时尚未确定或者不可预见的所需材料、工程设备服务的采购，施工中可能发生的工程变更、合同约定调整因素出现时的合同价款调整，以及发生的索赔、现场签证确认等的费用和标化工地、优质工程等费用的追加，包括标化工地暂列金额、优质工程暂列金额和其他暂列金额。

2. 暂估价

招标人在工程量清单中提供的用于支付必然发生但暂时不能确定价格的材料、工程设备的单价以及施工技术专项措施项目、专业工程等的金额，其费用构成如下：

（1）材料及工程设备暂估价：发包阶段已经确认发生的材料、工程设备，由于设计标准未明等原因造成无法当时确定准确价格，或者设计标准虽已明确，但一时无法取得合理询价，由招标人在工程量清单中给定的若干暂估单价。

（2）专业工程暂估价：发包阶段已经确认发生的专业工程，由于设计未详尽、标准未明确，需要由专业承包人完成等原因造成无法当时确定准确价格，由招标人在工程量清单中给定的一个暂估总价。

（3）施工技术专项措施项目暂估价：发包阶段已经确认发生施工技术措施项目，由于需要在签约后由承包人提出专项方案并经论证批准方能实施等原因造成无当时准确计价。由招标人在工程量清单中给定的一个暂估总价。

3. 计日工

在施工过程中，承包人完成发包人提出的工程合同范围以外的零星项目或工作所需的费用。

4. 施工总承包服务费

施工总承包人为配合协调发包人进行的专业工程发包，对发包人自行采购的材料、工程设备等进行保管以及施工现场管理、竣工资料汇总整理等服务所需的费用，包括发包人发包专业工程管理费和发包人提供材料及工程设备保管费。

5. 专业工程结算价

发包阶段招标人在工程量清单中以暂估价给定的专业工程,竣工结算发承包双方按照合同约定计算并确定的最终金额。

6. 索赔与现场签证费

(1)索赔费用:在工程合同履行过程中,合同当事人一方因非己方的原因而遭受损失,按合同约定或法律法规规定应由对方承担责任,从而向对方提出补偿的要求,经双方共同确认需补偿的各项费用。

(2)现场签证费用:发包人现场代表(或其授权的监理人、工程造价咨询人)与承包人现场代表就施工过程中涉及的责任事件所做的签认证明中的各项费用。

7. 优质工程增加费

建筑施工企业在生产合格建筑产品的基础上,为生产优质工程而增加费用。

(四)规费、税金

内容同前。

注:本任务内容参考《浙江省建设工程计价规则》(2018 版)等相关计价规范及计价依据。

任务三　设备及工器具购置费

设备及工器具购置费由设备购置费、工器具及生产家具购置费组成,是固定资产的组成部分。

一、设备购置费

设备购置费是指购置或自制的达到固定资产标准的设备所需的费用,由设备原价和设备运杂费构成。

$$设备购置费 = 设备原价 + 设备运杂费 \tag{1-1}$$

设备原价是指国内采购设备的出厂(场)价格,或国外采购设备的抵岸价格。设备运杂费是指除设备原价之外的关于设备采购、运输、途中包装及仓库保管等方面支出费用的总和。

(一)国产设备原价的构成及计算

国产设备原价一般是指设备制造厂的工厂交货价(出厂价)。它一般根据生产厂或供应商的询价、报价、合同价确定,或采用一定的方法计算确定。国产设备原价分为国产标准设备原价和国产非标准设备原价。

1. 国产标准设备原价

国产标准设备是指按照标准图纸和技术要求,由我国设备生产厂批量生产的,符合国家质量检测标准的设备。国产标准设备原价有两种,即带有备件的原价和不带有备件的原价。在计算时,一般采用带有备件的原价。国产标准设备一般有完善的设备交易市场,因此可通过查询相关交易市场价格或向设备生产厂家询价。

2. 国产非标准设备原价

国产非标准设备是指国家尚无定型标准,各设备生产厂不可能在工艺过程中采用批量生产,只能按一次订货,并根据具体的设计图纸制造的设备。国产非标准设备原价有多种不同的计算方法,如成本计算估价法、系列设备插入估价法、分部组合估价法和定额估价法等。但无论采用哪种方法,都应使国产非标准设备原价接近实际出厂价并且计算方法简便。

按成本计算估价法,国产非标准设备原价的组成见表1-1。

表1-1　国产非标准设备原价的组成

项目编号	项目	计算公式	注意事项
①	材料费	材料净重×(1+加工损耗系数)×每吨材料综合价	
②	加工费	设备总质量(t)×设备每吨加工费	
③	辅助材料费	设备总质量×辅助材料费指标	
④	专用工具费	(①+②+③)×专用工具费率	
⑤	废品损失费	(①+②+③+④)×废品损失费率	
⑥	外购配套件费	根据相应的购买价格加上运杂费	
⑦	包装费	(①+②+③+④+⑤+⑥)×包装费率	计算包装费时应加上外购配件费用
⑧	利润	(①+②+③+④+⑤+⑦)×利润率	不计外购配件费
⑨	税金	销项税额=销售额×适用增值税税率	主要指增值税销售额,为前8项之和
⑩	非标准设备设计费	按国家规定的设计费收费标准计算	

国产非标准设备原价的计算式如下:

$$单台非标准设备原价=\{[(材料费+加工费+辅助材料费)×$$
$$(1+专用工具费)×(1+废品损失费)+外购配套件费]×(1+包装费)-$$
$$外购配套件费\}×(1+利润率)+销项税额+非标准设备设计费+外购配套件费$$

$$(1-2)$$

（二）进口设备的构成与计算

1. 进口设备交货价

进口设备的交货类别可分为内陆交货类、目的地交货类和装运港交货类。内陆交货类是指卖方在出口国内陆的某个地点交货。目的地交货类是指卖方要在进口国的港口或内地交货。装运港交货类是指卖方在出口国装运港完成交货任务。装运港交货主要有 FOB 价、CFR 价和 CIF 价三种。

FOB(Free on Board,船上交货)是指卖方以在指定装运港将货物装上买方指定的船舶或通过取得已交付至船上货物的方式交货,FOB 价俗称"离岸价"。

CFR(Cost and Freight,成本加运费)是指卖方必须在合同规定的装运期内,在装运港将货物交至运往指定目的港的船上,负担货物越过船舷以前为止的一切费用和货物灭失或损坏的风险,并负责租船订舱,支付至目的港的正常运费,CFR 价 = FOB 价 + 海上(国际)运费,俗称"运费在内价"。

CIF(Cost Insurance and Freight,成本、保险费加运费)是指在装运港当货物越过船舷时卖方即完成交货,CIF 价俗称"到岸价"。

$$进口设备到岸价(CIF) = 离岸价(FOB) + 国际运费 + 运输保险费 \qquad (1-3)$$
$$= 运费在内价 + 运输保险费$$

① 货价为装运港船上交货价(FOB)。设备货价分为原币货价和人民币货价,原币货价一律折算为美元表示,人民币货价按原币货价乘以外汇市场美元兑换人民币中间价确定。进口设备货价按有关生产厂商询价、报价、订货合同价计算。

② 国际运费为从装运港(站)到我国抵达港(站)的运费。计算式如下:

$$国际运费 = 原币货价(FOB) \times 运费率 \qquad (1-4)$$

③ 运输保险费为对外贸易货物运输保险,保险费率按保险公司规定的进口货物保险费率计算。计算式如下。

$$运输保险费 = \frac{原币货价(FOB) + 国际运费}{1 - 保险费率} \times 保险费率 \qquad (1-5)$$

2. 进口设备原价

进口设备原价是指进口设备的抵岸价,即抵达买方边境港口或边境车站,且交完关税为止形成的价格。抵岸价是由进口设备到岸价 CIF 和进口从属费构成。进口设备到岸价即到达买方边境港口或者边境车站的价格。以 FOB 价为交货价,其抵岸价构成如下:

$$进口设备原价(抵岸价) = (FOB + 国际运费 + 运输保险费) + 进口从属费$$
$$= CIF + 进口从属费 = CIF + 银行财务费 + 外贸手续费 +$$
$$关税 + 消费税 + 进口环节增值税 + 车辆购置附加费$$
$$(1-6)$$

① 银行财务费为中国银行手续费,费率一般为 0.4% ~ 0.5%。计算式如下:

$$银行财务费 = 人民币货价(FOB) \times 银行财务费率 \qquad (1-7)$$

② 外贸手续费为按中华人民共和国商务部规定的外贸手续费率计取的费用,外贸手续费率一般取 1.5%。计算式如下:

$$外贸手续费 = 到岸价格(CIF) \times 外贸手续费率 \qquad (1-8)$$

③ 关税为由海关对进出国境或关境的货物和物品征收的一种税,计算式如下:

$$关税 = 到岸价格(CIF) \times 进口关税税率 \qquad (1-9)$$

式中,到岸价格(CIF)包括装运港船上交货价(FOB)、国际运费、运输保险费等费用,它作为关税完税价格。

④ 消费税为对部分进口设备(如轿车、摩托车等)征收的税种,消费税税率根据规定的税率计算。计算式如下:

$$应纳消费税税额 = \frac{到岸价 + 关税}{1 - 消费税税率} \times 消费税税率 \qquad (1-10)$$

⑤ 增值税为对从事进口贸易的单位和个人,在进口商品报关进口后征收的税种。增值税计算式如下:

$$进口产品增值税税额 = 组成计税价格 \times 增值税税率 \tag{1-11}$$

$$组成计税价格 = 关税完税价格 + 关税 + 消费税 \tag{1-12}$$

⑥ 车辆购置附加费为进口车辆需缴纳的费用。计算式如下：

$$进口车辆购置附加费 = (关税完税价格 + 关税 + 消费税) \times 车辆购置附加费率$$

$$\tag{1-13}$$

（三）设备运杂费

设备运杂费通常由运费和装卸费、包装费、设备供销部门的手续费、采购与仓库保管费等项目构成。

1. 运费和装卸费

国产标准设备的运费和装卸费是指由设备制造厂交货地点起至工地仓库（或施工组织设计指定的需要安装设备的堆放地点）止所发生的运费和装卸费。进口设备的运费和装卸费是指我国到岸港口、边境车站起至工地仓库（或施工组织设计指定的需安装设备的堆放地点）止所发生的运费和装卸费。

2. 包装费

包装费是指在设备原价中没有包含的，为运输而进行的包装支出的各种费用。

3. 设备供销部门的手续费

设备供销部门的手续费按有关部门规定的统一费率计算。

4. 采购与仓库保管费

采购、验收、保管和收发设备所发生的各种费用，包括设备采购人员、保管人员和管理人员的工资、工资附加费、办公费、差旅交通费，设备供应部门办公和仓库所占固定资产使用费、工具用具使用费、劳动保护费、检验试验费等。这些费用可按主管部门规定的采购保管费率计算。

设备运杂费率按各部门及省、市等的规定计取。设备运杂费的计算式如下：

$$设备运杂费 = 设备原价 \times 设备运杂费率 \tag{1-14}$$

二、工器具及生产家具购置费的构成和计算

工器具及生产家具购置费是指新建或扩建项目初步设计规定的，保证初期正常生产必须购置的没有达到固定资产标准的设备、仪器、工卡模具、器具、生产家具和备品备件等的费用。一般以设备购置费为计算基数，按照部门或行业规定的工具、器具及生产家具费率计算。计算式如下：

$$工器具及生产家具购置费 = 设备购置费 \times 定额费率 \tag{1-15}$$

任务四　工程建设其他费用

微课
工程建设其他费用

工程建设其他费用是指从工程筹建起到工程竣工验收交付使用止的整个建设期间，除建筑安装工程费和设备及工器具购置费以外的，为保证工程建设顺利完成和交付使用后能够正常发挥效用而发生的各项费用。按其内容大体分为建设用地费、与项目建设有关的费用以及与未来企业生产和经营活动有关的其他费用三大类。

一、建设用地费

建设用地费是指建设项目依法取得土地使用权所需支付的各项费用（不包括使用以后按年缴纳的土地使用税）。通过划拨方式取得土地使用权的，建设用地费为土地征用及迁移补偿费。通过出让方式取得土地使用权的，建设用地费除土地征用及迁移补偿费外，还包括按规定缴纳的土地出让金。无论以何种方式获取土地使用权，如果获取的土地为耕地，还需计算耕地占用税等。土地征用及迁移补偿费、耕地占用税根据征用建设用地面积、临时用地面积，按建设项目所在省（自治区、直辖市）人民政府制定颁发的税费标准计算。

二、与建设项目有关的费用

（一）建设管理费

建设管理费是指建设单位为组织完成工程项目建设，在建设期内发生的各类管理性费用。

1. 建设单位管理费

建设单位管理费是指项目建设单位从项目筹建之日起至办理竣工财务决算之日止发生的管理性质的支出，包括工作人员薪酬及相关费用、办公费、办公场地租用费、差旅交通费、劳动保护费、工具用具使用费、固定资产使用费、招募生产工人费、技术图书资料费（含软件）、业务招待费、竣工验收费和其他管理性质开支。实行代建制管理的项目，计列代建管理费（等同建设单位管理费），不得同时计列建设单位管理费。建设单位管理费一般以工程费用为基数，乘以建设单位管理费率进行计算。

$$建设单位管理费=工程费用×建设单位管理费率 \tag{1-16}$$

2. 工程监理费

工程监理是受建设单位委托的工程建设技术服务，属建设管理范畴。监理费根据委托的监理工作范围和监理深度在监理合同中商定，或按当地或所属行业部门有关规定计算。

3. 总承包管理费

采用工程总承包的建设管理，其总包管理费由建设单位与总包单位根据总包工作范围在合同中商定，在建设管理费中支出。

（二）可行性研究费

可行性研究费是指投资决策阶段依据调研报告对有关建设方案、技术方案或生产经营方案进行技术经济论证、编制和评审可行性研究报告所需的费用。

（三）研究试验费

研究试验费是指为建设项目提供和验证设计数据、资料等进行试验及验证的费用。按照设计单位根据本工程项目的需要提出的研究试验内容和要求计算。

（四）专项评价费

专项评价费包括环境影响评价费、安全预评价费、职业病危害预评价费、地震安全性评价费、地质灾害危险性评价费、水土保持评价评估费、压覆矿产资源评价费、节能评估费、危险与可操作性分析及安全完整性评价费、其他专项评价费等。按各项费用的费率或取费标准计算。

（五）场地准备及临时设施费

1. 场地准备及临时设施费的内容

建设项目场地准备费是指建设项目为达到工程开工条件进行的场地平整和对建设场地余留的有碍于施工建设的设施进行拆除清理的费用。

建设单位临时设施费是指为满足施工建设需要而提供的未列入工程费用的临时水、电、路、气、通信等其他工程费用和建设单位的现场临时建（构）筑物的搭设、维修、拆除、摊销或建设期间租赁费用，以及施工期间专用公路或桥梁的加固、养护、维修等费用。

2. 场地准备及临时设施费的计算

① 场地准备及临时设施应尽量与永久性工程统一考虑。建设场地的大型土石方工程应计入工程费用中的总图运输费用中。

② 新建项目的场地准备及临时设施费应根据实际工程量估算，或按工程费用的比例计算。改扩建项目一般只计拆除清理费。计算式如下：

$$场地准备及临时设施费 = 工程费用 \times 费率 + 拆除清理费 \qquad (1-17)$$

③ 发生拆除清理费时，可按新建同类工程造价或主材费、设备费的比例计算。凡可回收材料的拆除工程，均采用以料抵工方式冲抵拆除清理费。

④ 此项费用不包括已列入建筑安装工程费用中的施工单位临时设施费用。

（六）工程保险费

工程保险费是指建设项目在建设期间根据需要实施工程保险所需的费用，包括建筑安装工程一切险、工程质量保险、引进设备财产保险和人身意外伤害险等。工程保险费根据不同的工程类别，分别以其建筑、安装工程费乘以建筑、安装工程保险费率计算。

（七）特殊设备安全监督检验费

特殊设备安全监督检验费是指安全监察部门对在施工现场组装的锅炉及压力容器、压力管道、消防设施、燃气设备、电梯等特殊设备设施实施安全检验收取的共同费用。按各省（自治区、直辖市）安全监察部门的规定标准计算。无规定的，可按受检设备现场安装费的比例计算。

（八）市政公用设施费

市政公用配套设施可以是界区外配套的水、电、路、通信等，包括绿化、人防等缴纳的费用。此项费用按工程所在地人民政府规定标准计列。

三、与未来企业生产和经营活动有关的其他费用

与未来企业生产和经营活动有关的其他费用，包括联合试运转费、专利及专有技术使用费、生产准备费。

1. 联合试运转费

联合试运转费是指对整个生产线或装置进行负荷联合试运转所发生的费用净支出。支出包括试运转所需原材料、燃料及动力消耗、低值易耗品、其他物料消耗、工具用具使用费、机械使用费、保险费、施工单位参加试运转人员工资以及专家指导费；收

入包括试运转期间的产品销售收入和其他收入。不包括设备安装工程费开支的调试及试车费用,以及在试运转中暴露的因施工原因或设备缺陷等发生的处理费用。

2. 专利及专有技术使用费

专利及专有技术使用费包括国外设计及技术资料费,引进有效专利、专有技术使用费和技术保密费,国内有效专利、专有技术使用费,商标权、商誉和特许经营权费等。

3. 生产准备费

生产准备费是指新建企业或新增生产能力的企业,为保证竣工交付使用进行的生产准备所发生的费用。

生产人员培训费包括自行培训、委托其他单位培训的人员的工资、工资性补贴、职工福利费、差旅交通费、学习资料费、劳动保护费等。生产单位提前进场参加施工、设备安装调试等以及熟悉工艺流程及设备性能人员的工资、工资性补贴、职工福利费、差旅交通费、劳动保护费等。

任务五　预备费和建设期利息

一、预备费

预备费是指在建设期因各种不可预见因素的变化而预留的可能增加的费用,预备费包括基本预备费和价差预备费。

1. 基本预备费

基本预备费是指在投资估算或设计概算内预留的,难以预料的工程费用,包括以下内容:

微课
预备费

① 在批准的初步设计范围内,技术设计、施工图设计及施工过程中所增加的工程费用;设计变更、工程变更、局部地基处理等增加的费用。

② 一般自然灾害造成的损失和预防自然灾害所采取的措施费用。实行工程保险的工程项目费用应适当降低。

③ 竣工验收时为鉴定工程质量对隐蔽工程进行必要的挖掘和修复费用。

④ 超规超限设备运输过程中可能增加的费用。

基本预备费以设备及工器具购置费、建筑安装工程费和工程建设其他费用三者之和为计取基数,乘以基本预备费率进行计算。计算式如下:

$$基本预备费=(设备及工器具购置费+$$
$$建筑安装工程费+工程建设其他费用)×基本预备费率\qquad(1-18)$$

2. 价差预备费

价差预备费是指建设项目在建设期间内由于价格等变化引起工程造价变化而预留的可能增加的费用。价差预备费的内容包括人工、设备、材料、施工机械的价差费,建筑安装工程费及工程建设其他费用调整,利率、汇率调整等增加的费用。

价差预备费一般根据国家规定的投资综合价格指数,按照估算年份价格水平的投资额为基数,采用复利方法计算。计算式如下:

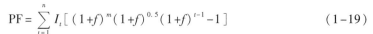

$$PF = \sum_{t=1}^{n} I_t \left[(1+f)^m (1+f)^{0.5} (1+f)^{t-1} - 1 \right] \tag{1-19}$$

式中：PF——价差预备费，元；

  n——建设期年份；

  I_t——建设期中第 t 年投入的静态投资计划额，元；

  f——年涨价率；

  m——建设前期年限（从编制估算到开工建设）。

[例1-1] 某新建项目静态投资额为 8 000 万元，按本项目进度计划，项目建设期为 3 年，3 年的投资计划比例分别为 20%、50%、30%，预测建设期内年平均价格上涨率为 3%，建设前期年限为 1 年。计算该项目建设期的价差预备费。

解：① 分别计算每一年的静态投资计划额。

计算第一年静态投资计划额：

$$I_1 = 8\,000 \times 20\% = 1\,600（万元）$$

$$PF = \sum_{t=1}^{n} I_t \left[(1+f)^m (1+f)^{0.5} (1+f)^{t-1} - 1 \right]$$

$$PF_1 = I_1 \left[(1+f)^1 (1+f)^{0.5} (1+f)^0 - 1 \right]$$

$$PF_1 = 1\,600 \times \left[(1+3\%)^1 \times (1+3\%)^{0.5} \times (1+3\%)^0 - 1 \right] = 72.54（万元）$$

计算第二年静态投资计划额：

$$I_2 = 8\,000 \times 50\% = 4\,000（万元）$$

$$PF_2 = I_2 \left[(1+f)^1 (1+f)^{0.5} (1+f)^1 - 1 \right]$$

$$= 4\,000 \times \left[(1+3\%)^1 \times (1+3\%)^{0.5} \times (1+3\%)^1 - 1 \right] = 306.78（万元）$$

计算第三年静态投资计划额：

$$I_3 = 8\,000 \times 30\% = 2\,400（万元）$$

$$PF_3 = I_3 \left[(1+f)^1 (1+f)^{0.5} (1+f)^2 - 1 \right] = 2\,400 \times \left[(1+3\%)^1 \times \right.$$

$$\left. (1+3\%)^{0.5} \times (1+3\%)^2 - 1 \right] = 261.59（万元）$$

② 计算建设期价差预备费。

$$PF = 72.54 + 306.78 + 261.59 = 640.91（万元）$$

二、建设期利息

微课
建设期利息

  建设期利息是指建设单位为项目融资而向银行贷款，在项目建设期内应偿还的贷款利息。估算建设期利息，需要根据项目进度计划，提出建设投资分年计划，列出各年投资额，并明确其中的外汇和人民币汇率。为简化计算，建设期贷款一般按贷款计划分年均衡发放，建设期利息的计算可按当年贷款在年中支用考虑，即当年贷款按半年计息，上年贷款按全年计息。每年应计利息的近似计算式如下：

$$每年应计利息 = \left(年初贷款本息累计 + \frac{本年贷款额}{2} \right) \times 年利率 \tag{1-20}$$

[例1-2] 某新建项目，建设期为 3 年，第一年贷款额为 300 万元，第二年贷款额为 600 万元，第三年贷款额为 400 万元，贷款年利率为 6%。计算 3 年建设期利息。

解:第一年应计利息 $= \left(年初贷款本息累计 + \dfrac{本年贷款额}{2} \right) \times 年利率 = (300 \div 2) \times$

$6\% = 9$(万元)

第二年应计利息 $= \left(年初贷款本息累计 + \dfrac{本年贷款额}{2} \right) \times 年利率 = (300 + 9 + 600 \div 2) \times$

$6\% = 36.54$(万元)

第三年应计利息 $= \left(年初贷款本息累计 + \dfrac{本年贷款额}{2} \right) \times 年利率 = (300 + 9 + 600 +$

$36.5 + 400 \div 2) \times 6\% = 68.72$(万元)

三年建设期利息 $= 9 + 36.54 + 68.72 = 114.26$(万元)

思考题

1. 简述建设项目总投资构成。

2. 简述按费用构成要素划分和按照造价形成内容划分的建筑安装工程费之间的联系。

3. 进口设备购置费包括哪些具体内容?

4. 园林工程中常用的工程建设其他费用有哪些?

5. 某建设项目建筑安装工程费 5 000 万元,设备购置费 3 000 万元,工程建设其他费用 2 000 万元。已知基本预备费率 5%,项目建设前期年限为 1 年。建设期为 3 年,各年投资计划额:第一年完成投资 20%,第二年完成 60%,第三年完成 20%。年均投资价格上涨率为 6%。求建设项目建设期间价差预备费(计算结果取两位小数)。

项目二

全过程造价

学习目标

了解全过程造价咨询的概念,掌握全过程造价在不同阶段造价文件的内涵。

重点难点

全过程造价咨询的工作内容,通过工程实例理解估算、概算、预算、结算与决算的编制依据与编制内容。

能力目标

本项目是贯穿了工程造价所有阶段的造价内容,通过全过程造价咨询的引领学习,理解全过程造价在不同阶段的不同造价文件的内涵。

任务一　全过程造价咨询

全过程工程咨询服务是指对建设项目全生命周期提供组织、管理、经济和技术等各有关方面的工程咨询服务,包括项目的投资、勘察设计、造价、招标代理、监理、项目管理等工程建设项目各阶段专业咨询服务。由此可见,全过程造价咨询是其中一个部分。

一、全过程造价咨询的含义

全过程造价咨询是指从决策阶段(包括项目建议书及可行性研究报告)、设计阶段(包括方案设计、初步设计和施工图设计等)、招投标阶段、项目施工阶段到竣工验收阶段,为项目整个过程或项目若干阶段提供全方位的工程造价咨询服务。

二、全过程造价咨询的服务范围

全过程造价咨询贯穿在决策阶段、初步设计阶段、施工图设计阶段、发承包阶段、实施阶段及竣工阶段(图2-1),将这些阶段集约起来,不再限于单个的实施阶段参与投资控制,更要在决策设计阶段提前介入,因为决策和设计阶段对工程造价影响程度达到75%以上,这样的全过程造价咨询能从源头加以影响,能更好地控制投资目标,见图2-2。

微课
全过程造价咨询

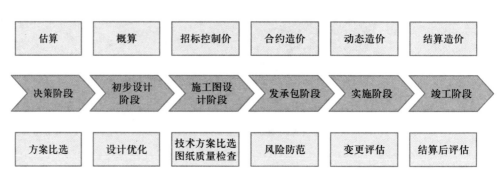

图 2-1　全过程各阶段造价之间的关系

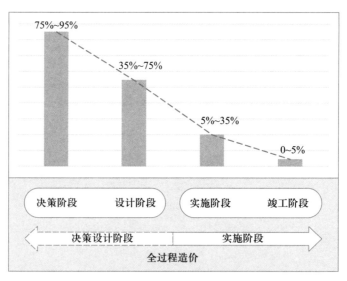

图 2-2　不同建设阶段对投资控制的影响

三、全过程造价咨询的工作内容

全过程造价咨询在决策阶段、初步设计阶段、施工图设计阶段、发承包阶段、实施阶段及竣工阶段的主要工作内容和成果文件见表2-1。

表 2-1 全过程造价咨询的主要内容

阶段	主要工作内容	成果文件
决策阶段	依据建设项目的特征、方案设计文件和相应的工程造价计价依据或类似工程指标编制投资估算或者审核	投资估算编制或审核报告
	采用适宜的分析方法,对不同的总体设计方案进行经济分析	方案经济比选分析报告
初步设计阶段	依据建设项目的特征、初步设计文件和相应的工程造价计价依据或资料对建设项目概算总投资及其构成进行编制或审核	设计概算编制或审核报告
	对不同的工程专项设计方案进行技术经济分析;提供分析结论,在技术可行的前提下,推荐经济合理的最优设计方案	工程专项设计方案、经济分析报告、设计优化建议报告
	根据委托人提供的招标文件进行审核、提出意见,并根据委托人回复意见完成修订	招标文件审核报告
施工图设计阶段	依据招标文件、招标图纸编制或审核工程量清单,提出图纸疑问	工程量清单、图纸疑问
	依据地勘资料、招标文件、招标图纸、工程技术文件、现场情况、计价依据及相关文件编制最高投标限价、招标阶段工程造价指标	最高投标限价
	对工程设计文件所采用的标准、技术方案、工程措施等的技术经济合理性进行全面分析,并提出优化建议	设计优化建议报告
	对优化前后的设计文件进行造价测算对比分析	设计优化前后造价对比分析报告
发承包阶段	协助编制各项工程招标计划	招标计划报告
	根据委托人提供的招标文件进行审核、提出意见,并按照委托人回复意见完成修订	招标文件咨询报告
	招标答疑、中标文件清标分析	招标答疑文件、清标分析报告
	施工合同签订商讨、协助施工合同谈判	施工合同咨询报告
实施阶段	参与开工前的设计交底会,进行各项变更测算	图审费用测算报告
	材料品牌、隐蔽工程等涉及造价类的现场检查	现场检查报告
	工程进度款审核	进度款审核报告
	设计变更联系单审核	设计变更审核报告
	签证单审核	签证单审核报告
	无价材料、设备市场询价,参与价格谈判	价格/设备询价报告
	索赔费用审核	索赔审核报告

续表

阶段	主要工作内容	成果文件
实施阶段	编制并及时更新洽商变更台账,工程造价动态管理	合同及变更台账、工程造价动态统计报表
	及时归纳总结编制月、季跟踪汇报材料	月、季跟踪汇报资料
竣工阶段	工程结算审核,包括现场踏勘、工程量计算与核对、争议问题协商	工程结算审核报告
	结算后评估,结算造价指标分析形成成本数据	结算后评估报告

四、全过程造价咨询实例

微课
全过程造价咨询案例(1)

微课
全过程造价咨询案例(2)

项目背景:该项目是某省、市重点建设项目,整体规划定位为大型宗教文化主题园区,规划面积约 167 万平方米,总建筑面积约 28 万平方米,项目由 5 个佛教单体项目组成,造型独特、宗教文化艺术浓厚,定位高,是一个"举世无双,百世流芳"的项目。其中,主体建筑占地面积 4 万平方米,广场为 25 万平方米,其他单体项目用地面积均为 27 万平方米左右。

全过程造价咨询方案:该项目以全过程投资控制为主线、合同管理为抓手,把全过程工程咨询服务贯穿于项目的各个阶段。通过对决策阶段的目标成本、合约规划,设计阶段的限额设计(设计优化)的应用,发承包阶段的招标策划、清单控制价审核、清标分析,施工阶段的合同管理、投资控制的动态管理,竣工阶段的结算把关等,实现项目投资收益的最大化。

(一)全过程造价咨询工作内容

(1)概算审核、设计优化。

(2)清单及控制价编制。

(3)工程建设其他费用的审核与合同评估。

(4)招标阶段的清标工作。

(5)施工阶段全过程造价控制。

(6)审核竣工结算,本项目咨询服务工作贯穿于决策阶段、设计阶段、发承包阶段、施工阶段及结算阶段。

(二)全过程造价咨询实施过程

××工程全过程造价工作重点分析见表 2-2。

表 2-2　××工程全过程造价工作重点分析

决策阶段	目标成本、合约规划
设计阶段	限额设计及设计优化
发承包阶段	① 招标方案策划(合约规划); ② 招标文件(合同文件)的审核; ③ 工程量清单、最高投标限价的审核; ④ 商务标清标

续表

施工阶段	① 设计管理、合同管理; ② 审核工程建设其他费用(项目二类费用); ③ 协助业主编制项目用款计划,工程服务; ④ 验工计价及工程款审核; ⑤ 工程变更、签证、索赔的审核; ⑥ 材料及设备比选询价; ⑦ 编制项目全过程造价动态报表
结算阶段	① 竣工结算审核; ② 结合全过程造价服务,对投资效益做出评估

1. 决策阶段

(1) 目标成本。全过程造价咨询项目部借助公司的类似宗教文化主题项目指标库中相应数据指标,结合拟建宗教文化主题项目的概念方案协助业主确定投资估算(目标成本)。

(2) 合约规划。投资估算(目标成本)确定后,对项目的合同分为建筑安装工程类和工程服务类,并对相应的金额进行预估。结合项目的建设总进度计划,编制合约规划、年度招标计划。

2. 设计阶段

(1) 限额设计。图纸设计阶段是建设项目投资控制的关键阶段,通过运用指标库类似项目经济数据,确定合理可行的建设标准及限额,把项目目标成本分解到各分项、各专业或系统。通过与设计人员的沟通,要求其在限额设计的前提下,优化施工图设计,使施工图在满足技术要点和建设使用功能要求的前提下,做到设计合理、经济可行,确保项目投资从设计源头就处于可控状态。

本项目某单体工程室外园林景观专业工程,目标成本 8 500 万元,初步招标控制价 12 341 万元,已超目标成本 45%。经统计分析,计算室外总体单方指标为 1 097.66 元/m²,通过运用指标库类似项目经济数据,单方指标 1 097.66 元/m² 属于高标准的室外景观设计,对于大区景观或者大面积室外景观的单方指标,此指标数值较高,对比各专业工程,发现土方工程、绿化工程、铺装工程和室外景观排水 4 个专业工程指标异常高,在满足业主定位的条件下,设计方案可进行进一步的优化。

(2) 设计优化。

① 土方工程。本项目某单体工程余方弃置工程量约为 68 962.26 m³,但本项目其他单体工程需大量的外购回填土。招标清单中"余方弃置"项调整为"余方短驳",以供其他项目回填土所需,造价约减少 1 906 万元。

② 绿化工程。因本项目某单体工程绿化工程还有特选的日本进口苗木,对于绿化单方正常的指标有所影响,故将绿化工程拆分成种植土、特选苗、工程苗三项进行分析。

a. 种植土。通过运用指标库类似项目经济数据以及施工经验分析,设计单位取消改良种植土,同时将种植土厚度修改至常规厚度,造价约减少 500 万元。

b. 特选苗。本项目某单体工程招标图纸设计特选苗苗木为279棵,共计造价(含税)3 435万元。对于8 500万元的目标成本来说,其占比过大,查询设计概算,其特选苗概算仅200多万元。最终特选苗数量由279棵设计优化至218棵,主要减少单价较贵的黑松及罗汉松数量,造价减少约1 735万元。

c. 工程苗。本项目西入口存有一块建设预留地。招标图纸中此区域种植大量的乔灌木及色块,为避免后期预留地施工移除苗木造成浪费,设计单位将此区域仅设计为草坪,造价减少约348万元。

③ 铺装工程。本项目某单体工程招标图纸设计所有的花岗岩厚度均为80 mm,其中人行铺装约9 000 m²,设计规格为80 mm厚的花岗岩,通过运用指标库类似工程经济数据以及施工经验分析,设计优化为40 mm或50 mm,造价减少约237万元。

④ 室外景观排水工程。本项目某单体工程招标图纸建筑排水沟盖板设计为40 mm厚球墨铸铁盖板,因建筑排水沟均不需要过车,调整为复合树脂盖板;招标图纸中道路排水沟花岗岩饰面厚度设计为200 mm,为节约成本,在不影响外观的情况下,设计单位将厚度优化为100 mm,造价减少约465万元。

经过多次与单位业主沟通,最终将景观工程控制价优化至8 389万元,满足业主方目标成本的要求。

3. 发承包阶段

(1) 招标方案策划。重点做好各个拟发包工程(总承包及各专业工程)清晰的界面划分。

① 明确各标段承包人各自的工作范围及工作界面。

② 明确各承包人之间需要配合及协调的事项。

③ 指导设计管理,使设计部门清晰了解各标段所需的设计内容,以防招标图纸中对于工作范围的错漏碰缺。

④ 指导建设管理,使工程部门管理时明确各项工作的实施方,管理者能够一目了然,心中有数,从而提高效率。

(2) 审核招标文件、合同条款。

(3) 审核工程量清单、最高投标限价。一是抽查重要部位、重要子目的清单,作为审核重点;二是结合公司的既有类似项目数据库,对指标含量明显偏高或偏低的进行重点复核并修正。

(4) 商务标清标。投标报价应是招标文件所确定的招标范围内全部工作内容的价格体现,并包括投标人技术标中提出的所有工程内容及措施的费用。对于总包投标报价,从投标报价的范围、投标报价的合理性、是否有不平衡报价等方面做了客观、公正的审核,对各家投标报价进行了对比分析,对可能存在的风险进行了预测分析。

4. 施工阶段

施工阶段重点包括审核工程建设其他费用(项目二类费用)、合同管理、设计管理、动态投资控制、现场巡查等。

(三) 经济成效

(1) 设计优化节约投资5 191万元。目标成本是8 500万元,初步招标控制价为12 341万元,设计优化节约5 191万元,达到目标成本,见表2-3。

表 2-3　设计优化对比表

序号	设计优化项目	设计优化内容	节约金额/万元
1	余方弃置	"余方弃置"调整为"余方短驳"	1 906
2	种植土	厚度由 1.50 m 调整为预留地种植土厚度为 0.30 m，非预留地种植土厚度为 1.20 m	500
3	特选苗	数量由 279 棵设计优化至 218 棵	1 735
4	工程苗	取消大部分乔灌木与色块的种植，直接采用草坪种植	348
5	人行铺装	花岗岩厚度由"80 mm 厚"调整为"40 mm 厚"	237
6	景观排水	排水沟盖板材质由"球墨铸铁盖板"调整为"复合树脂"，道路排水沟花岗岩饰面厚度由"200 mm"调整为"100 mm"	465
合计			5 191

（2）工程变更、签证审核。严格依据合同约定及建设业主下发的工程变更、工程签证管理办法，对本项目所有送审变更、签证进行审核。本项目变更、签证送审价 25 553.6 万元，审核价 21 016.6 万元，核减 4 537 万元，核减率 17.75%，有效控制了变更签证费用。

任务二　投 资 估 算

一、投资估算各个阶段内容及编制依据

（一）我国建设项目的投资估算阶段划分及精度要求

我国建设项目的投资估算阶段划分及精度要求见表 2-4。

表 2-4　我国建设项目的投资估算阶段划分及精度要求

序号	项目决策分析与评价的不同阶段	允许误差
1	项目规划阶段	±30% 以上
2	项目建议书（投资机会研究）阶段	±30% 以内
3	初步可行性研究阶段	±20% 以内
4	详细可行性研究阶段	±10% 以内

注：摘自《建设项目投资估算编审规程》（CECA/GC 1—2015）。

1. 项目规划阶段的投资估算

项目规划阶段是指有关部门根据国民经济发展规划、地区发展规划和行业规划的要求，编制一个建设项目的建设规划。此阶段是按项目规划的要求粗略地估算建设项目所需要的投资额，其对投资估算精度的要求为允许误差±30%。

2. 项目建议书阶段的投资估算

在项目建议书阶段,是按项目建议书中的产品方案、项目建设规模、产品主要生产工艺、企业车间组成、初选建厂地点等,估算建设项目所需要的投资额,其对投资精度的要求为误差控制在±30%以内。此阶段项目投资估算的意义是可据此判别项目是否需要进行下一个阶段的工作。

3. 初步可行性研究阶段的投资估算

初步可行性研究阶段是在掌握了更详细、更深入资料的前提下,估算所需要的投资额,其对投资估算精度的要求为误差控制在±20%以内。此阶段项目投资估算的意义是据此确定是否进行详细可行性研究。

4. 详细可行性研究阶段的投资估算

详细可行性研究阶段的投资估算至关重要,因为这个阶段的投资估算经审查批准之后便是工程设计任务书中规定的项目投资限额,并可据此列入项目年度基本建设计划,其对投资估算精度的要求为误差控制在±10%以内。

(二)编制依据

(1)投资估算的编制依据是指在编制投资估算时需要进行工程量计量,价格确定,工程计价有关参数、率值确定的基础资料。

(2)投资估算的编制依据主要有以下几个方面:

① 国家、行业和地方政府的有关规定。

② 工程勘察与设计文件,图示计量或有关专业提供的主要工程量和主要设备清单。

③ 行业部门、项目所在地工程造价管理机构或行业协会等编制的投资估算指标、概算指标(定额)、工程建设其他费用定额(规定)、综合单价、价格指数和有关造价文件等。

④ 类似工程的各种技术经济指标和参数。

⑤ 工程所在地的同期工、料、机市场价格,建筑、工艺及附属设备的市场价格和有关费用。

⑥ 政府有关部门、金融机构等部门发布的价格指数、利率、汇率、税率等有关参数。

⑦ 与建设项目相关的工程地质资料、设计文件、图纸等。

⑧ 委托人提供的其他技术经济资料。

微课
投资估算(1)

微课
投资估算(2)

二、投资估算的内容和编制方法

(一)投资估算的内容

园林建设项目属于非生产性建设项目,建设项目总投资即固定资产投资,由建设投资、建设期贷款利息构成。

(1)建设投资:在项目筹建与建设期间所花费的全部建设费用,包括工程费用、工程建设其他费用和预备费。其中,工程费用包括建筑安装工程费、设备及工器具购置费;预备费包括基本预备费和价差预备费。

(2)建设期贷款利息:债务资金在建设期内发生并应计入固定资产原值的利息,包括借款(或债券)利息及手续费、承诺费、管理费等。

（二）投资估算的编制方法

1. 建设投资静态投资部分的估算

在不同阶段，建设投资的投资估算方法和允许误差都是不同的。在项目规划和项目建议书阶段，投资估算的精度低，可采用简单的匡算法（如系数估算法、比例估算法等）。在可行性研究阶段，尤其是详细可行性研究阶段，投资估算精度要求高，可采用相对详细的投资估算方法（如指标估算法）。

（1）系数估算法

系数估算法是以已知的拟建建设项目的主体工程费或主要生产工艺设备费为基数，以其他辅助或配套工程费占主体工程费或主要设备的百分比为系数，进行估算拟建建设项目相关投资额的方法。本办法主要应用于设计深度不足，拟建建设与类似建设项目的主要设备投资比重较大，行业内相关系数等基础资料完备的情况。

这种方法简单易行，但是精度较低，一般用于项目建议书阶段。在国内常用的方法有设备系数法，世界银行项目投资估算常用的方法是朗格系数法。

① 设备系数法。以拟建项目的设备费为基数，根据已建成的同类项目的建筑安装工程费和其他工程费等与设备价值的百分比，求出拟建项目建筑安装工程费和其他工程费，进而求出建设项目投资额。

② 朗格系数法。朗格系数法是以设备购置费为基数，乘以适当估算系数来推算项目的建设投资。这种方法是世界银行项目投资估算常采用的方法。该方法的基本原理是将总成本费用中的直接成本和间接成本分别计算，再合为项目建设的总成本费用。运用朗格系数法估算投资，方法比较简单，但由于没有考虑项目（或装置）规模大小、设备材质的差异以及不同自然、地理条件差异的影响，所以估算的精度不高。

（2）指标估算法。

估算指标是比概算指标更为扩大的单项工程指标或单位工程指标，以单项工或单位工程为对象，综合了项目建设中的各类成本和费用。

可行性研究阶段建设项目投资估算原则上应采用指标估算法。指标估算法下的静态投资即分别估算建筑工程费、设备及工器具购置费、安装工程费，进而估算工程建设其他费用、基本预备费，加总得到项目的静态投资。

2. 动态投资部分

价差预备费、建设期利息内容详见项目一任务五。

三、投资估算的文件组成

投资估算文件一般由封面、签署页、编制说明、投资估算分析、总投资估算表、单项工程估算表、主要技术经济指标等内容构成。

（一）投资估算的编制说明

投资估算的编制说明一般阐述以下内容：

（1）工程概况；

（2）编制范围；

（3）编制方法；

（4）编制依据；

（5）主要技术经济指标；

（6）有关参数、率值选定的说明；

（7）特殊问题的说明；

（8）采用限额设计的工程还应对方案比选的估算和经济指标做进一步说明。

（二）投资估算分析包括的内容

（1）工程投资比例分析。

（2）分析设备购置费、建筑工程费、安装工程费、工程建设其他费用、预备费占建设总投资的比例，分析引进设备费用占全部设备费用的比例等。

（3）分析影响投资的主要因素。

（4）与国内类似工程项目进行比较，分析说明投资高低的原因。

（三）投资估算表

（1）总投资估算汇总表包括汇总单项工程估算、工程建设其他费用，估算基本预备费、价差预备费、计算建设期利息等。

（2）单项工程投资估算，应按建设项目划分的各个单项工程分别计算组成工程费用的建筑工程费、设备购置费、安装工程费。

（3）工程建设其他费用估算，应按预期将要发生的工程建设其他费用种类，逐渐详细估算其费用金额。

（4）估算人员应根据项目特点，计算并分析整个建设项目、各单项工程和主要单位工程的主要技术经济指标。

例如，某园林工程经济技术指标见表 2-5，总投资估算表见表 2-6。

表 2-5　某园林工程经济技术指标

序号	项目名称	面积/m²	比例/%
1	设计面积	264 972	
2	建筑面积	602	
3	建筑占地	602	0.23
4	硬地	17 514	6.61
5	水体	473	0.18
6	绿化	246 383	92.98

表 2-6　某园林工程总投资估算表

序号	项目名称	单位	数量	综合单价/元	金额/万元	占总投资比例/%
一	工程费用				10 169	74.63
（一）	建筑及亭廊				288.40	2.11
1	服务建筑	m²	117	4 000	46.80	
2	水榭一	m²	41	5 000	20.50	
3	榭廊组合二	m²	210	4 800	100.80	
4	廊二	m²	234	4 500	105.30	

续表

序号	项目名称	单位	数量	综合单价/元	金额/万元	占总投资比例/%
5	亭子	座	1	150 000	15.00	
（二）	铺装及景观小品				2 492.41	18.29
1	广场、园路硬质铺装	m²	9 961	400	398.42	
2	通车绿道	m²	5 914	400	236.55	
3	滨水步道地坪	m²	825	400	33.00	
4	停车场	m²	477	350	16.70	
5	码头及亲水平台	m²	209	1 200	25.08	
6	侧石	m	2 347	200	46.93	
7	台阶	m²	129	800	10.30	
8	硬质挡墙	m	220	2 500	55.00	
9	水上栈道、栈桥	m²	330	3 500	115.50	
10	驳坎	m	2 320	2 000	464.00	
11	水体土方开挖并就地回填	m³	1 419	55	7.80	
12	自然石护岸、置石等	t	1 000	1 000	100.00	
13	树池、花池等其他小品	项	1	800 000	80.00	
14	地形土方回填	m³	155 000	25	387.50	
15	原有硬质场地拆除	m³	6 250	145	90.63	
16	建筑垃圾外运	m³	25 000	150	375.00	
17	坐凳、垃圾桶、指示牌等公共设施	项	1	500 000	50.00	
（三）	绿化、土方工程				5 049.13	37.06
1	重点绿化	m²	96 383	300	2 891.49	
2	临时绿化	m²	150 000	65	975.00	
3	地形造坡	m²	246 383	18	443.49	
4	种植土回填	m³	123 192	60	739.15	
（四）	景观给排水及照明等				1 854.80	13.61
1	景观给排水、浇灌	m²	264 972	25	662.43	
2	景观照明（临时绿化地未考虑）	m²	264 972	30	794.92	
3	智能化（临时绿化地未考虑）	m²	264 972	15	397.46	
	小计				9 685	
	零星工作费（扩大系数）	万元	9 685	5%	484	
二	工程建设其他费用		1+2+…+10		1 124	8.25
1	项目建设管理费		财建〔2016〕504 号		176.00	

续表

序号	项目名称	单位	数量	综合单价/元	金额/万元	占总投资比例/%
2	建设管理其他费	分档累进制			99.85	
3	工程监理费	发改价格〔2007〕670 号			177.25	
4	工程勘察费	〔一〕×0.8%			81.35	
5	工程设计费	计价格〔2002〕10 号			391.17	
6	可行性研究费	计价格〔1999〕1283 号			46.98	
7	环境影响咨询服务费	计价格〔2002〕125 号			12.40	
8	工程保险费	〔一〕×0.5%			50.84	
9	场地建设及临时设施费	〔一〕×0.8%			81.35	
10	劳动安全卫生评价费	总投资×0.05%			6.80	
三	预备费				565	4.14
1	基本预备费	〔一+二〕×5%			565	
	项目静态建设投资					
四	建设期利息(按三年考虑)	8 300÷2×8% +(8 300+8 300÷2×8%)×8% +(8 300+8 300÷2×8% +(8 300+8 300÷2×8%)×8%)×8%			1 768	暂定贷款按 70%，即 8 300 万元,利率按8%考虑
五	项目总投资	一+二+三+四			13 626	100

注:本工程费用为 10 169 万元,工程建设其他费用及预备费用按浙江省工程建设其他费用定额计算。

任务三　设计概算

一、设计概算的编制内容

按照《建设项目设计概算编审规程》(CECA/GC 2—2015)的相关规定,设计概算文件的编制应采用单位工程概算、单项工程综合概算、建设项目总概算三级概算编制形式。

1. 单位工程概算

单位工程是指具有相对独立施工条件的工程。它是单项工程的组成部分,以此为对象编制的设计概算称为单位工程概算。单位工程概算分为建筑工程概算、设备及安装工程概算。

建筑工程概算包括土建工程概算、给排水与采暖工程概算、通风与空调工程概算、动力与照明工程概算、弱电工程概算、特殊构筑物工程概算,园林绿化工程概算、园林景观工程概算、仿古建筑工程概算也属于单位建筑工程概算。

设备及安装工程概算包括机械设备安装工程概算、电气设备安装工程概算、热力

微课
设计概算（1）

微课
设计概算（2）

设备安装工程概算、工器具及生产家具购置费概算等。

2. 单项工程综合概算

微课
设计概算(3)

单项工程是指具有独立的设计文件,建成后可以独立发挥生产能力或具有使用效益的工程,它是建设项目的组成部分,如园林建设工程等。单项工程综合概算是确定一个单项工程(设计单元)费用的文件,是总概算的组成部分,一般只包括单项工程的工程费用。单项工程综合概算组成内容如图 2-3 所示。

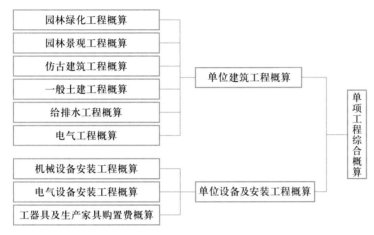

图 2-3　单项工程综合概算组成内容

3. 建设项目总概算

建设项目是指按一个总体规划或设计进行建设的,由一个或若干个互有内在联系的单项工程组成的工程总和,也称基本建设项目。园林工程中一个小区、公园、游乐园、休闲农庄等都是建设项目。

建设项目总概算是以初步设计文件为依据,在单项工程综合概算的基础上计算建设项目概算总投资的成果文件。总概算是设计概算书的主要组成部分。园林工程总概算是由各单项工程综合概算、工程建设其他费用概算、预备费和建设期利息概算汇总编制而成的。当建设项目为一个单项工程时,可采用单位工程概算、建设项目总概算两级概算编制形式。

二、设计概算的编制依据

① 国家、行业和地方政府有关建设和造价管理的法律、法规和规定。

② 当地建设行政主管部门发布的概算定额单位估价表、概算定额。

③ 批准的设计文件和勘察文件。

④ 正常的施工组织设计和施工方案。

⑤ 资金筹措方式。

⑥ 工程所在地编制同期的人工、材料、机具台班市场价格,以及设备供应方式及供应价格。

⑦ 建设项目的技术复杂程度,新技术、新材料、新工艺以及专利使用情况等。

⑧ 建设项目批准的相关文件、合同、协议等。

⑨ 政府有关部门发布的价格指数、利率、汇率、税率以及工程建设其他费用等。

⑩ 委托单位提供的其他技术经济资料。

三、设计概算的编制方法

工程费用概算是由单位工程概算、单项工程综合概算、建设项目总概算逐级汇总而得的。

（一）单位工程概算编制

单位工程概算由人工费、材料费、施工机械使用费、企业管理费、利润、规费和税金组成，分为建筑工程概算和设备及安装工程概算两大类。

1. 建筑工程概算

建筑工程概算的编制方法有概算定额法、概算指标法、类似工程预算法等。

（1）概算定额法。

概算定额法，又称扩大单价法或扩大结构定额法，是采用概算定额编制建筑工程概算的方法。根据初步设计图纸资料和概算定额的项目划分计算出工程量，然后套用概算定额单价（基价），计算汇总后，再计取有关费用，便可得出单位工程概算造价。概算定额法要求初步设计达到一定深度，建筑结构比较明确，能按照初步设计计算分部工程项目的工程量的时候才可采用。

概算定额法编制设计概算的步骤如下：

① 列出单位工程中分项工程或扩大分项工程的项目名称，并计算工程量。

② 确定各分部分项工程项目以及技术性措施费的综合单价。

③ 计算分部分项工程费及技术措施费。

④ 按照有关规定标准计算组织措施费。

⑤ 合计得到单位工程概算造价。

（2）概算指标法。

概算指标法是用拟建的建筑单体的建筑面积（或体积）乘以技术条件相同的概算指标，编制出单位工程概算的方法。概算指标法的使用范围是设计深度不够，不能准确地计算工程量，但工程设计技术比较成熟而又有类似工程概算指标可以利用的工程。

由于拟建工程（设计对象）往往与类似工程的概算指标的技术条件不尽相同，而概算指标编制年份的设备、材料、人工等价格与拟建工程当时、当地的价格也不会一样。因此，必须对其进行调整，其调整内容如下：

① 拟建工程与类似工程的时间与地点造成的价差调整。

② 设计对象的结构特征与概算指标有局部差异的调整。

③ 设备、人工、材料、机械台班费用的调整。

（3）类似工程预算法。

类似工程预算法是利用技术条件、设计对象与类似的已完工程或在建工程的工程资料来编制拟建工程设计概算的方法，类似工程的价差调整常用以下两种方法。

① 直接法。类似工程造价资料有具体的人工、材料、机械台班的用量时，可按类似工程预算造价资料中单方的主要材料用量、工日数量、机械台班用量乘以拟建工程所

在地的主要材料预算价格、人工单价、机械台班单价,计算出直接费,再乘以当地的综合费率,即可直接得出所需的报建工程造价指标,与拟建工程建筑面积相乘得到拟建工程概算造价。

② 修正法。选择了类似工程的预算,即需要对拟建工程与类似工程之间的时间、地点差异导致的价差以及工程结构差异进行修正,方法与概算指标法相同。

2. 设备及安装工程概算

设备及安装工程概算包括设备购置费概算和设备安装工程费概算两大部分。

(1)设备购置费概算。

设备购置费由设备原价和运杂费两项组成。设备运杂费的计算式如下:

$$设备运杂费 = 设备原价 × 运杂费率 \qquad (2-1)$$

(2)设备安装工程费概算。

设备安装工程费概算的编制方法应根据初步设计深度和要求所明确的程度而采用。其主要编制方法有预算单价法、扩大单价法、设备价值百分比法和综合吨位指标法。

① 预算单价法。当初步设计较深,有详细的设备清单时,可直接按安装工程预算定额单价编制设备安装工程概算,概算程序与安装工程施工图预算程序基本相同。

② 扩大单价法。当初步设计深度不够,设备清单不完备,只有主体设备或仅有成套设备质量时,可采用主体设备成套设备的综合扩大安装单价来编制概算。

③ 设备价值百分比法。当初步设计深度不够,只有设备出厂价而无详细规格和质量时,安装费可按其占设备费的百分比来计算。常用于价格波动不大的定型产品和通用设备。计算式如下:

$$设备安装费 = 设备原价 × 安装费率(\%) \qquad (2-2)$$

④ 综合吨位指标法。当初步设计提供的设备清单有规格和设备质量时,可采用综合吨位指标编制概算,其综合吨位指标主管部门或设计单位根据已完类似工程资料确定。计算式如下:

$$设备安装费 = 设备吨重 × 每吨设备安装费指标(元/t) \qquad (2-3)$$

(二)单项工程综合概算编制

单项工程综合概算书一般包括编制说明和综合概算表两部分。当建设项目只有一个单项工程时,综合概算文件还包括工程建设其他费用、预备费和建设期利息的概算。

1. 编制说明

编制说明应列在综合概算表的前面,其内容包括以下几项:

① 工程概况,简述建设项目性质、特点、生产规模、建设周期、建设地点等主要情况。

② 编制依据,包括国家和有关部门的规定、设计文件、现行概算定额或概算指标、设备材料的预算价格和费用指标等。

③ 编制方法,说明设计概算是采用概算定额法,还是采用概算指标法或其他方法。

④ 其他必要的说明。

2. 综合概算表

综合概算表是根据单项工程所管辖范围内的各单位工程概算等基础资料,按照国家或部委所规定的统一表格进行编制。

(三)建设项目总概算编制

设计总概算文件一般应包括编制说明、总概算表、各单项工程综合概算书、工程建设其他费用概算表、主要建筑安装材料汇总表。独立装订成册的总概算文件宜加封面、签署页(扉页)和目录。

① 编制说明。编制说明的内容与单项工程综合概算文件相同。

② 总概算表。例如,某综合开发项目的总概算表见表2-7。

表 2-7　某综合开发项目的总概算表

工程名称:××综合开发项目

序号	费用名称	金额/万元	备注
一	建筑安装工程费	12 655	
1	园林景观工程	9 628.28	
1.1	土建工程	807.84	
1.2	园建工程	8 820.44	
2	安装设备工程	3 026.36	
二	建设其他费	1 438.24	
1	建设管理费	539.60	
1.1	项目建设管理费	192.86	财建〔2016〕504 号
1.2	建设管理其他费	134.73	
1.3	工程监理费	212.01	
2	建设用地费	289.64	
2.1	土地租赁费	44.64	
2.2	土地补偿费、安置补偿费	245	宁发〔2020〕12 号
3	可行性研究费	14.30	
4	勘察设计费	451.28	
4.1	工程设计费	350.04	
4.2	工程勘察费	101.24	[一]×0.8%
5	环境影响评估费	2.35	
6	节能评估费	1.87	
7	场地准备及临时设施费	101.24	[一]×0.8%
8	工程保险费	37.96	[一]×0.3%
三	基本预备费	563.72	[一+二]×4%
四	建设期利息	1 337.88	第一年 6 000 万元,第二年 6 000 万元,第三年 4 000 万元,年利率 5%
五	建设投资	15 994.47	[一+二+三+四]

任务四　最高投标限价及投标报价

一、最高投标限价

(一) 编制最高投标限价的规定

(1) 国有资金投资的建筑工程招标的,应设有最高投标限价(招标控制价),非国有资金投资的建筑工程招标的,可以没有最高投标限价或者招标标底。《建设工程工程量清单计价规范》(CB 50500—2013) 规定,国有资金投资的工程建设项目应实行工程量清单招标,招标人应编制最高投标限价,并应当拒绝高于最高投标限价的投标报价。

(2) 最高投标限价应由具有编制能力的招标人,或受其委托具有相应资质的工程造价咨询人(或招标代理机构)编制,最高投标限价应按规定备案。工程造价咨询人接受招标人委托编制最高投标限价,不得再就同一工程接受投标人委托的投标报价。最高投标限价超出批准概算时,招标人报原概算审批部门审核。

(3) 最高投标限价应当依据工程量清单、工程计价有关规定和市场价格信息等编制。《建设工程工程量清单计价规范》(GB 50500—2013)中将招标工程量清单表与工程量清单计价表两表合一,编制最高投标限价时,其项目编码、项目名称、项目特征、计量单位、工程量各栏应与招标工程量清单一致,对"综合单价""合价"以及"其中:暂估价"按计价规范规定填写。

(4) 为防止招标人有意压低投标人的报价,最高投标限价应在招标文件中公布,对所编制的最高投标限价不得按照招标人的主观意志人为地进行上浮或下调。

(二) 最高投标限价的编制依据

最高投标限价的编制依据是指在编制最高投标限价时需要进行工程量计量,价格确认,工程计价的有关参数、率值的确定等工作时所需的基础资料,主要包括:

(1) 国家标准《建设工程工程量清单计价规范》(GB 50500—2013) 与各专业工程量计算规则。

(2) 国家或省级建设主管部门颁发的计价定额和计价办法。

(3) 建设工程设计文件及相关资料。

(4) 拟定的招标文件及招标工程量清单。

(5) 与建设项目相关的标准、规范、技术资料。

(6) 施工现场情况、工程特点及常规施工方案。

(7) 工程造价管理机构发布的人工、材料、设备及机械单价等工程造价信息;工程造价信息没有发布的,参照市场价。

(8) 其他相关资料。

(三) 最高投标限价的编制内容

最高投标限价应当编制完善的编制说明。编制说明应包括工程规模、涵盖的范围、采用的预算定额和依据、基础单价来源、税费取定标准等内容,以方便对最高投限价进行理解和审查。最高投标限价的编制内容包括分部分项工程费、措施项目费、其他项目费、规费和增值税,各个部分都有不同的计价要求。

分部分项工程和施工技术措施项目应根据拟定的招标文件和招标工程量清单项目中的特征描述及有关要求计算综合单价;施工组织措施项目应根据拟定的招标文件和常规施工方案进行计价。

1. 分部分项工程费计算

(1) 人工、施工机械台班单价,按照工程所在地工程造价管理机构相应时期发布的市场信息价计算,无市场信息价的可参考市场价。

(2) 材料设备价格,遵循下列优先顺序及规定计算:

① 按照招标文件提供的材料暂估单价计入综合单价。

② 按照工程所在地工程造价管理机构相应时期发布的市场信息价格。

③ 参照当地市场价。

(3) 管理费、利润,浙江省可按照《浙江省建设工程计价规则》(2018 版)的规定计取,凡以弹性区间表示的费率均按中值计取,取费基数中的人工、施工机械使用费应按定额价计算。

(4) 工程量依据招标文件中提供的分部分项工程量清单确定。

2. 措施项目费计算

(1) 措施项目应按招标文件中提供的措施项目清单确定,措施项目分为以"量"计算和以"项"计算两种,对于可精确计量的措施项目,以"量"计算,按其工程量用与分部分项工程量清单单价相同的方式确定综合单价;对于不可精确计量的措施项目,则以"项"为单位,采用费率法,按有关规定综合取定。

(2) 以费率方式计价的,按照《浙江省建设工程计价规则》(2018 版)的规定计取,凡以弹性区间表示费率的,一律按中值计取,取费基数中的人工费、施工机械使用费应按定额价计算。

(3) 安全文明施工费应当按照国家或者省级、行业建设主管部门的规定标准计价,该部分不得作为竞争性费用。

3. 其他项目费计价

(1) 暂列金额应按照招标工程量清单中列出的金额填写,根据招标文件规定的金额计算。

(2) 暂估价中的材料、工程设备单价应按招标工程量清单中列出的单价计入综合单价,暂估价中的专业工程金额应按招标工程量清单中列出的金额填写。

(3) 计日工应按招标工程量清单中列出的项目,根据工程特点和有关计价依据计算综合单价。计日工包括人工、材料、机械。编制最高投标限价时,材料应按工程造价管理机构发布的工程造价信息中的材料单价计算,工程造价信息未发布单价的材料,按市场调查、分析确定的单价计算,并计取一定的企业管理费和利润。

(4) 总承包服务费应根据招标文件列出的内容和要求,按照各省有关计价依据计算。浙江省可参考《浙江省建设工程计价规则》(2018 版)。

4. 规费和税金计价

规费和税金应按照各省建设行政主管部门的规定计价。

二、投标报价

投标人必须按招标工程量清单填报价格。项目编码、项目名称、项目特征、计量单位、工程量需与招标工程量清单一致。

（一）投标报价编制依据

① 计价规范、计价依据。

② 企业定额,国家或省级、行业建设主管部门颁发的计价定额。

③ 各省建设行政主管部门颁发的有关计价规定。

④ 招标文件、工程量清单及补充通知、答疑纪要。

⑤ 建设工程设计文件及相关资料。

⑥ 施工现场情况、工程特点及投标时拟定的施工组织设计或施工方案。

⑦ 与建设项目相关的标准、规范等技术资料。

⑧ 市场价格信息或工程造价管理机构发布的市场信息价。

⑨ 其他相关资料。

综合单价中应包括招标文件中划分的应由投标人承担的风险范围及费用,招标文件中没明确的,应提请招标人明确。

（二）投标报价编制内容

（1）分部分项工程和施工技术措施项目应根据招标文件和招标工程量清单项目计算综合单价。

（2）施工组织措施项目金额（除安全文明施工费外）应按招标文件及投标时报定的施工组织设计或施工方案自主确定。

（3）其他项目应按下列规定报价:

① 暂列金额应按招标工程量清单中列出的金额填写。

② 材料、工程设备暂估价应按招标工程量清单中列出的单价计入综合单价。专业工程暂估价应按招标工程量清单中列出的金额填写。

③ 计日工应按招标工程量清单中列出的项目和数量,自主确定综合单价并计算计日工金额。

④ 施工总承包服务费应根据招标工程量清单中列出的内容和提出的要求自主确定。

（4）规费和税金应按"计价规范""计价依据"及省（自治区、直辖市）有关规定确定。

招标工程量清单与计价表中列明的所有需要填写单价和合价的项目,投标人均应填写且只允许有一个报价。未填写单价和合价的项目,可视为此项费用已包含在已标价工程量清单中其他项目的价和合价之中。投标人应对影响工程施工的现场条件进行全面考察,依据招标人介绍情况做出的判断和决策,由投标人自行负责。

投标总价应当与分部分项工程费、措施项目费、其他项目费、规费和税金的合计金额一致。投标人的投标报价低于招标文件设定的招标风险警戒值时,评标委员会应当要求投标人做出合理的解释与承诺。投标人的投标报价不得低于工程成本。

报价费用表示例见表2-8、表2-9。

表 2-8　报价费用表

工程名称：

序号	工程名称	金额/元	其中/元				备注
			暂估价	安全文明施工基本费	规费	税金	
1	××项目	320 010		3 284	5 027	26 423	
1.1	绿化工程	48 432		233	364	3 999	
1.2	景观工程	222 043		2 416	3 770	18 334	
1.3	安装工程	49 535		635	894	4 090	
	合计	320 010		3 284	5 027	26 423	

表 2-9　单位（专业）工程报价费用表

单位工程名称：　　　　　　　　　　　　　　标段：

序号	费用名称	计算公式	金额/元	备注
1	分部分项工程费	$\sum$（分部分项工程数量×综合单价）	284 629	
1.1	其中,人工费+机械费	$\sum$分部分项（人工费+机械费）	50 214	
2	措施项目费		3 931	
2.1	施工技术措施项目费	$\sum$（技术措施工程数量×综合单价）	496	
2.1.1	其中,人工费+机械费	$\sum$技措项目（人工费+机械费）	61	
2.2	施工组织措施项目费	按实际发生项之和进行计算	3 435	
2.2.1	其中,安全文明施工基本费		3 284	
3	其他项目费			
3.1	暂列金额	3.1.1+3.1.2+3.1.3		
3.1.1	标化工地增加费	按招标文件规定额度计列		
3.1.2	优质工程增加费	按招标文件规定额度计列		
3.1.3	其他暂列金额	按招标文件规定额度计列		
3.2	暂估价	3.2.1+3.2.2+3.2.3		
3.2.1	材料（工程设备）暂估价	按招标文件规定额度计列（或计入综合单价）		
3.2.2	专业工程暂估价	按招标文件规定额度计列		
3.2.3	专项技术措施暂估价	按招标文件规定额度计列		
3.3	计日工			
3.4	施工总承包服务费	3.4.1+3.4.2		

续表

序号	费用名称	计算公式	金额/元	备注
3.4.1	专业发包工程管理费	∑计算基数×费率		
3.4.2	甲供材料设备管理费	∑计算基数×费率		
4	规费		5 027	
5	增值税		26 423	
	报价合计	1+2+3+4+5	320 010	

任务五　工程结算与竣工决算

一、工程价款结算

（一）合同价款

1. 合同价款的确定

实行建设工程施工招投标的项目,应在中标通知书发出之日起 30 日内,由承发包双方依据中标通知书,投标文件确定合同价款(或签约合同价)。实行直接发包的建设工程项目,发承包双方应依据商定的工程计价有关条款,在合同中约定合同价款(或签约合同价)。

2. 合同价款的类型

(1) 单价合同:合同中约定以工程量清单及综合单价进行合同价款计算、调整、确定,并约定单价包含的风险范围。在约定的风险范围内,单价不做调整;风险范围以外的在合同中约定单价调整方法。

(2) 总价合同:合同中约定以施工图、已标价工程量清单或预算书及有关条件进行合同价款计算、确定,并约定合同总价包含的风险范围。在约定的风险范围,总价不做调整;风险范围以外的在合同中约定合同价款调整方法。

(3) 其他价格形式合同:除单价合同、总价合同以外的其他价格形式合同,发承包双方应在合同中规定具体的合同价款计算、确定的方法。

（二）材料预付款

1. 工程预付款的额度

包工包料的工程预付款支付比例一般不低于签约合同价(扣除暂列金额)的 10% ,不高于合同金额的 30% ,具体根据工程规模、施工工期确定支付比例。对合同金额较大的工程,可按年度施工计划逐年预付。预付的工程款应在合同中约定抵扣方式,并在工程进度款中进行抵扣。

发包人支付的预付款中应包括安全文明施工基本费,合同工期在一年以内的,预付费用不得低于安全文明施工费总额的 50% ;合同工期在一年以上的,预付费用不得低于 30% ,其余部分与进度款同期支付。承包人对安全文明施工费应单独开列账户并专款专用,不得挪作他用。

2. 工程预付款的扣回

发包单位拨付给承包单位的工程预付款属于预支性质,工程实施后,随着工程所需主要材料储备的逐步减少,应以抵充工程价款的方式陆续扣回,抵扣方式必须在合同中约定。扣款的方法有以下两种:

(1) 按约定方式扣回:如发承包双方在合同中约定从工程施工的最后两个月平均扣回。

(2) 按起扣点方式扣回:从未施工工程尚需的主要材料及构件的价值相当于工程预付款数额时起扣,从每次结算工程价款中,按材料比重抵扣工程价款,竣工前全部扣清,其基本表达公式为:

$$T = P - \frac{M}{N} \tag{2-4}$$

式中:T——起扣点,即工程预付款开始扣回时的累计完成工作量金额,元;

P——承包工程价款总额,元;

M——工程预付款限额,元;

N——主要材料及构件所占比重,% 。

(三) 工程进度款

1. 工程进度款的支付

工程进度款的支付比例按照合同约定,按照其中结算价款总额计,不低于 60% ,不高于 90% 。工程进度款结算支付方式包括按月支付工程进度款、按照工程形象进度节点支付工程款、合同约定的其他支付方式。发包人已确认的工程变更、现场签证、索赔及合同约定价款调整的工程款应作为追加(减)合同价款与工程款同期支付。

2. 合同价款调整

按照风险共担和合理分摊的原则,根据建设工程施工合同价款类型,发承包双方在施工合同中对下列事项的具体内容、范围(幅度)和调整方法应明确约定:

① 法律、法规、规章和政策等的变化。

② 工程变更、工程量清单漏项或清单项目重复计列等非承包人原因引起的工程量清单项目调整。

③ 工程变更或者施工图纸与招标清单项目特征描述不符。

④ 工程变更、工程量清单项目工程量偏差等非承包人原因引起的工程量调整。

⑤ 工程变更、工程量清单项目调整或工程量偏差等引起的措施项目变化。

⑥ 新增工程量清单项目综合单价的确定,或已有项目因工程量变化超过合同约定幅度后,其综合单价的调整、确定。

⑦ 合同施工期内人工、材料、施工机械台班等要素价格波动。

⑧ 不可抗力。

⑨ 需要约定的其他调整事项。

3. 合同价款的期中支付

承包人应在每个计量周期到期后的 7 天内向发包人提交已完工程进度款支付申请(一式四份),详细说明此周期认为有权得到的价款,包括分包人已完工程的价款。支付申请应包括以下内容:

（1）累计已完成的合同价款。

（2）累计已支付的合同价款。

（3）本周期合计完成的合同价款。

① 本周期已完成的单价项目的金额。

② 本周期已完成的计日工价款。

③ 本周期应支付的总价项目金额。

④ 本周期应支付的安全文明施工费。

⑤ 本周期应增加的金额。

（4）本周期合计应扣减的金额。

① 本周期应扣回的预付款。

② 本周期应扣减的金额。

（5）本周期实际应支付的合同价款。

（四）工程竣工结算款

承包人应根据办理的竣工结算文件，向发包人提交竣工结算款支付申请，该申请应包括下列内容：

（1）竣工结算合同价总额。

（2）应扣留的质量保证金。

（3）累计已实际支付的工程款。

（4）实际应支付的竣工结算款。

[例 2-1]　某施工单位承包某园林仿古建筑工程项目，甲乙双方签订的关于工程价款的合同内容如下：

（1）建筑安装工程造价 1 500 万元，主要材料费占施工产值的比重为 60%。

（2）预付备料款为建筑安装工程造价的 20%。工程预付款从未施工工程所需的建筑材料和设备费相当于工程预付款数额时起扣，从每次结算工程价款按照主要材料费占施工产值的比重抵扣工程预付款，竣工前全部扣清。

（3）工程进度款逐月计算。

（4）工程保修金为建筑安装工程造价的 5%，竣工结算按照 5% 扣留。

（5）材料价差调整按规定进行（按有关规定，上半年材料价差上调 10%，在竣工结算时调增）。

各月实际完成产值见表 2-10。

表 2-10　各月实际完成产值　　　　　　　　　　单位：万元

月份	1 月	2 月	3 月	4 月	5 月
完成产值	150	250	400	480	220

问题：

（1）该工程 1~4 月，每月拨付工程款为多少？累计工程款为多少？

（2）在 5 月办理工程竣工结算，该工程结算总造价为多少？甲方应付工程尾款为多少？

解：（1）预付备料款。

$1\,500 \times 20\% = 300$（万元）

起扣点：$1\,500 - 300 \div 60\% = 1\,000$（万元）

（2）各月拨付工程款。

1月：工程款150万元，累计工程款150万元。

2月：工程款250万元，累计工程款$150+250=400$（万元）。

3月：工程款400万元，累计工程款$400+400=800$（万元）$< 1\,000$（万元）。

4月：工程款$480-(480+800-1\,000) \times 60\% = 312$（万元）。

累计工程款$=800+312=1\,112$（万元）

（3）工程结算总造价。

$1\,500+1\,500 \times 0.6 \times 10\% = 1\,590$（万元）

甲方应付工程尾款：

$1\,590-1\,112-(1\,590 \times 5\%)-300=98.5$（万元）

二、竣工决算

（一）工程竣工结算和工程竣工决算的区别

工程竣工结算和工程竣工决算的区别见表2-11。

表2-11　工程竣工结算和工程竣工决算的区别

区别项目	工程竣工结算	工程竣工决算
编制单位及部门	承包方的预算部门	项目业主的财务部门
内容	承包方承包施工的建筑安装工程的全部费用，它最终反映承包方完成的施工产值	建设工程从筹建开始到竣工交付使用为止的全部建设费用，它反映建设工程的投资效益
性质和作用	① 承包方与业主办理工程价款最终结算的依据；② 双方签订的建筑安装工程承包合同终结的凭证；③ 业主编制竣工决算的主要资料	① 业主办理交付验收动用新增各类资产的依据；② 竣工验收报告的重要组成部分

（二）竣工决算的内容

竣工决算是指建设项目或单项工程竣工后，建设单位向国家主管部门汇报建设成果和财务状况的总结性文件。竣工决算的内容应指从项目策划到竣工投产全过程的全部实际费用，包括设备及工器具购置费、建筑安装工程费和其他费用等。竣工决算的文件包括竣工财务决算说明书、竣工财务决算报表、建设工程竣工图和工程造价比较分析四个部分。其中，竣工财务决算说明书和竣工财务决算报表合称竣工财务决算，它是竣工决算的核心内容。

1. 竣工财务决算说明书

竣工财务决算说明书主要反映竣工工程建设成果和经验，是对竣工决算报表进行

分析和补充说明的文件,也是全面考核分析工程投资与造价的书面总结,其内容主要包括:

(1)建设项目概况,对工程总的评价。

(2)资金来源及运用等财务分析。

(3)基本建设收入、投资包干结余、竣工结余资金的上交分配情况。

(4)各项经济技术指标的分析。

(5)工程建设的经验、项目管理和财务管理工作以及竣工财务决算中有待解决的问题。

(6)需要说明的其他事项。

2.竣工财务决算报表

建设项目竣工财务决算报表根据大、中、小型建设项目分别制订,一般大、中型建设项目的竣工财务决算报表包括建设项目竣工财务决算审批表,大、中型建设项目概况表,大、中型建设项目竣工财务决算表,大、中型建设项目交付使用资产总表。

大、中型建设项目竣工财务决算表是反映建设单位所有建设项目在某一特定日期的投资来源及分布状态的财会信息资料。它是通过对建设项目中形成的大量数据进行整理后编制而成的。通过编制该表,可以为考核和分析投资效果提供依据。小型建设项目的竣工决算财务报表一般包括竣工决算总表、交付使用财产明细表、建设项目竣工财务决算审批表。

3.建设工程竣工图

建设工程竣工图是真实地记录各种地上、地下建筑物、构筑物等情况的技术文件,是工程进行交工验收、维护改建和扩建的依据,是国家的重要技术档案。

4.工程造价比较分析

批准的概算是考核建设工程造价的依据。在分析时,可先对比整个项目的总概算,然后将建筑安装工程费、设备及工器具购置费和其他工程费用逐一与竣工决算表中所提供的实际数据和相关资料以及批准的概算、预算指标、实际的工程造价进行对比分析,以确定竣工项目总造价是节约还是超支,并在对比的基础上,总结先进经验,找出节约和超支的内容和原因,提出改进措施。在实际工作中,应主要分析以下内容:

(1)主要实物工程量。

(2)主要材料消耗量。

(3)考核建设单位管理费、建筑及安装工程其他直接费、现场经费和间接费的取费标准。

(三)建设项目新增资产价值的确定

建设项目竣工投入运营后,所花费的总投资形成相应的资产,按照财务制度及企业会计准则,新增资产按资产性质划分为固定资产、流动资产、无形资产和其他资产四大类。

1.新增固定资产价值

(1)建筑、安装工程造价。

(2)达到固定资产标准的设备和工器具的购置费用。

(3)增加固定资产价值的其他费用,包括土地征用及土地补偿费、联合试运转费、勘察设计费、可行性研究费、施工机构迁移费、报废工程损失费和建设单位管理费中达到固定资产标准的办公设备、生活家具用具和交通工具等的购置费。

新增固定资产价值的其他费用应按单项工程以一定比例分摊。分摊时,建设单位管理费由建筑工程、安装工程、需安装设备价值总额按比例分摊;土地征用及土地补偿费、地质勘察和建筑工程设计费等由建筑工程造价按比例分摊;工艺流程系统设计费由安装工程造价按比例分摊。

2. 流动资产价值

流动资产价值包括达不到固定资产标准的设备工器具、现金、存货、应收及应付款项等价值。

3. 无形资产价值

无形资产价值包括专利权、非专利技术、著作权、商标权、土地使用权出让金及商誉等价值。

4. 其他资产价值

其他资产价值包括开办费(建设单位管理费中未计入固定资产的其他费用、生产职工培训费)、以租赁方式租入的固定资产改良工程支出等价值。

思考题

1. 什么是全过程造价咨询?
2. 全过程造价有哪些阶段?分别对应哪些造价成果?
3. 投资估算和设计概算在编制内容上有何异同?
4. 最高投标限价和投标报价在编制依据上有何异同?
5. 工程结算和竣工决算的区别有哪些?

项目三

园林工程量清单及清单计价

学习目标

　　掌握园林工程量清单编制依据和编制规定,掌握园林工程计价方法及概算和预算的费用计价。

重点难点

　　掌握园林工程量清单的编制,掌握园林工程概算费用计价和施工费用计价。

能力目标

　　本项目是园林工程计价的重点之一,编制园林工程工程量清单与计价表是园林工程计价的核心能力。

任务一　园林工程工程量清单编制

　　工程量清单是载明建设工程分部分项工程项目、措施项目、其他项目的名称和相应数量以及规费、增值税项目等内容的明细清单。其中,由招标人根据国家标准、招标文件、设计文件以及施工现场实际情况编制的,随招标文件发布供投标人投标报价的工程量清单称为招标工程量清单,而构成合同文件组成部分的投标文件中已标明价格,并经承包人确认的工程量清单称为已标价工程量清单。

　　招标工程量清单是编制工程最高投标限价、投标报价、计算或调整工程量、索赔等的依据。投标人根据招标工程量清单进行报价,形成的已标价工程量清单是支付工程款、调整合同价款、办理竣工结算等的关键依据。

微课
工程量清单(1)

一、工程量清单计价规范的适用范围

工程量清单计价规范适用于建设工程发承包及其实施阶段的计价活动。根据《建设工程工程量清单计价规范》(GB 50500—2013),使用国有资金投资的建设工程发承包,必须使用工程量清单计价。国有资金投资的项目包括全部使用国有资金(含国家融资资金)投资或以国有资金投资为主的工程建设项目。

(1) 国有资金投资的工程建设项目。

① 使用各级财政预算资金的项目。

② 使用纳税人财政管理的各种政府性专项建设资金的项目。

③ 使用国有企事业单位自有资金,且国有资产投资者实际拥有控制权的项目。

(2) 国家融资资金投资的工程建设项目。

① 使用国家发行债券所筹资金的项目。

② 使用国家对外借款或者担保所筹资金的项目。

③ 使用国家政策性贷款的项目。

④ 国家授权投资主体融资的项目。

⑤ 国家特许的融资项目。

(3) 以国有资金投资为主的工程是指国有资金占投资总额50%以上或虽不足50%但国有投资者实质上拥有控股权的工程建设项目。

非国有资金投资的建设工程宜采用工程量清单计价,不采用工程量清单计价的建设工程,应执行《建设工程工程量清单计价规范》(GB 50500—2013)中除工程量清单等专门性规定外的其他规定。

二、工程量清单的编制依据

(1)《建设工程工程量清单计价规范》(GB 50500—2013)以及各专业工程工程量计算规范。

(2) 国家或省级、行业建设主管部门颁发的计价依据和办法。

(3) 建设工程设计文件及相关资料。

(4) 与建设工程有关的标准、规范、技术资料。

(5) 拟定的招标文件。

(6) 施工现场情况、地勘水文资料、工程特点及常规施工方案。

(7) 其他相关资料。

三、工程量清单的编制规定

工程量清单作为招标文件的组成部分,应以单位工程为单位编制,应由分部分项工程量清单、措施项目清单、其他项目清单、规费和税金项目清单组成。工程量清单应由具有编制能力的招标人或受其委托具有相应资质的工程造价咨询人编制。采用工程量清单招标的,招标工程量清单必须作为招标文件的组成部分,其准确性和完整性应由招标人负责。工程量清单按照国家清单计价规范编列清单子目的,即为国标工程量清单。工程量清单按照浙江省定额编列清单子目的,即为定额工程量清单。

（一）分部分项工程量清单

分部工程是单位工程的组成部分,是按结构部位、施工特点或施工任务将单位工程划分为若干分部的工程。例如,绿化工程分为绿地整理、栽植花木、绿地喷灌等分部工程。分项工程是分部工程的组成部分,是按不同施工方法、材料、工序等将分部工程划分为若干个分项工程。例如,栽植花木分为栽植乔木、栽植灌木、栽植花卉、垂直墙体绿化种植、花卉立体布置、铺种草皮、植草砖内植草、挂网、箱钵栽植等分项工程。

分部分项工程量清单必须载明项目编码、项目名称、项目特征、计量单位和工程量,见表3-1。园林工程分部分项工程量清单必须根据《园林绿化工程工程量计算规范》(GB 50858—2013)规定的项目编码、项目名称、项目特征、计量单位和工程量计算规则进行编制。

由招标人负责编制招标工程量清单,在分部分项工程量清单的编制过程中填写前六项内容,金额部分在编制最高投标限价时填列。投标报价时,金额由投标人填写,但投标人对分部分项工程量清单与计价表中的项目编码、项目名称、项目特征、计量单位、工程量不能修改。

表 3-1　分部分项工程量清单与计价表

工程名称:

序号	项目编码	项目名称	项目特征	计量单位	工程量	金额	
						综合单价	合价

1. 项目编码

项目编码是分部分项工程量和单价措施项目清单名称的阿拉伯数字标识。清单项目编码按五级编码设置,用12位阿拉伯数字表示。第一、二、三、四级编码为全国统一,即1~9位应按《园林绿化工程工程量计算规范》(GB 50858—2013)附录的规定设置;第五级(即10~12位)为工程量清单项目名称顺序码,应根据拟建工程的工程量清单项目名称设置,不得有重号。这三位清单项目编码由招标人针对招标工程项目具体编制,并应自001起按顺序编制。补充的项目编码由《园林绿化工程工程量计算规范》(GB 50858—2013)中的代码与B和三位阿拉伯数字组成。

各级编码代表的含义如下。

(1)第一级表示专业工程代码(二位)。

(2)第二级表示附录分类顺序码(二位)。

(3)第三级表示分部工程顺序码(二位)。

(4)第四级表示分项工程项目名称顺序码(三位)。

(5)第五级表示工程量清单项目名称顺序码(三位)。

园林项目工程量清单项目编码结构如图3-1所示。

当同标段(或合同段)的一份工程量清单中含有多个单位工程且工程量清单是以单位工程为编制对象时,在编制工程量清单时应特别注意对项目编码10~12位的设置不得有重码的规定。

图 3-1　园林项目工程量清单项目编码结构

2. 项目名称

园林工程分部分项工程清单的项目名称应按《园林绿化工程工程量计算规范》（GB 50858—2013）附录的项目名称结合拟建工程的实际确定。附录表中的"项目名称"为分项工程名称，是形成分部分项工程量清单名称的基础。即在编制分部分项工程量清单时，以附录中的分项工程项目名称为基础，考虑该项目的规格、型号、材质等特征要求，结合拟建工程的实际情况，使其工程量清单项目名称具体化、细化，以反映影响工程造价的主要因素。清单项目名称应表达详细、准确，专业工程量计算规范中的分项工程项目名称如有缺陷，招标人可作补充，并报当地工程造价管理机构（省级）备案。

3. 项目特征

项目特征是构成分部分项工程项目、措施项目自身价值的本质特征。项目特征是对项目的准确描述，是确定一个清单项目综合单价不可缺少的重要依据，是区分清单项目的依据，是履行合同义务的基础。园林工程分部分项工程量清单的项目特征应按《园林绿化工程工程量计算规范》（GB 50858—2013）附录中规定的项目特征，结合技术规范、标准图集、施工图纸，按照工程结构、使用材质及规格等，给予详细而准确的表述和说明。凡项目特征中未描述到的其他独有特征，均由清单编制人视项目具体情况确定，以准确描述清单项目为准。

在《园林绿化工程工程量计算规范》（GB 50858—2013）附录中还有关于清单项目"工程内容"的描述。工程内容是指完成清单项目可能发生的具体工作和操作程序，但应注意的是，在编制分部分项工程量清单时，工程内容通常无须描述，因为在工程量计算规范中，工程量清单项目与工程量计算规则、工程内容有一一对应关系，当采用《园林绿化工程工程量计算规范》（GB 50858—2013）这一标准时，工程内容均有规定。

4. 计量单位及有效位数

（1）计量单位应采用基本单位，除专业另有特殊规定外，均按以下单位计量。

① 以质量计算的项目——吨或千克（t 或 kg）。

② 以体积计算的项目——立方米（m³）。

③ 以面积计算的项目——平方米（m²）。

④ 以长度计算的项目——米（m）。

⑤ 以自然计量单位计算的项目——个、套、株、项、组、台等。

当计量单位有两个或两个以上时，应根据所编工程量清单项目的特征要求，选择最适宜表现该项目特征并方便计量的单位。

（2）计量单位的有效位数应遵守以下规定。

① 以"t"为单位的,应保留三位小数,第四位小数四舍五入。

② 以"m³""m²""m""kg"为单位的,应保留两位小数,第三位小数四舍五入。

③ 以"个""株"等为单位的,应取整数。

5. 工程量的计算

工程量主要是通过工程量计算规则计算得到,工程量计算规则是指对清单项目工程量计算的规定。除另有说明外,所有清单项目的工程量应以实体工程量为准,并以完成后的净值计算;投标人投标报价时,应在单价中考虑施工中的各种损耗和需要增加的工程量。

（二）措施项目清单

措施项目清单应根据相关工程现行工程量计算规范的规定编制,并应根据拟建工程的实际情况列项。例如,《园林绿化工程工程量计算规范》(GB 50858—2013)中规定的措施项目包括:脚手架工程;模板工程;树木支撑架、草绳绕树干、搭设遮阴(防寒)棚工程;围堰、排水工程;安全文明施工及其他措施项目。措施项目中可以计算工程量的项目清单宜采用分部分项工程量清单的方式,使用单价措施项目清单与计价表,列出项目编码、项目名称、项目特征、计量单位和工程量计算规则,见表3-2。

微课
工程量清单（3）

表3-2　单价措施项目清单与计价表

工程名称:

序号	项目编码	项目名称	项目特征	计量单位	工程量	金额	
						综合单价	合价

措施项目费用的发生与使用时间、施工方法或者两个以上的工序相关,如安全文明施工,提前竣工施工,二次搬运,冬雨季施工,行车、行人干扰增加等费用,不能计算工程量的项目(如总价措施项目),以"项"为计量单位,宜采用总价措施项目清单及计价表,见表3-3。

表3-3　总价措施项目清单与计价表

工程名称:

序号	项目编码	项目名称	计算基数	费率/%	金额	备注
		安全文明施工费	人工费+机械费			
		提前竣工增加费	人工费+机械费			
		二次搬运费	人工费+机械费			
		冬雨季施工增加费	人工费+机械费			
		行车、行人增加干扰费	人工费+机械费			
		……				
		合计				

（三）其他项目清单

其他项目清单是指分部分项工程量清单、措施项目清单所包含的内容以外,因招标人的特殊要求而发生的与拟建工程有关的其他费用项目和相应数量的清单。工程建设标准的高低、工程的复杂程度、工程的工期长短、工程的组成内容、发包人对工程管理的要求等都直接影响其他项目清单的具体内容。

其他项目清单包括暂列金额、暂估价、计日工、施工总承包服务费。暂列金额应根据工程特点按有关计价规定估算。暂估价包括材料及工程设备暂估价、专业工程暂估价。材料及工程设备暂估价应根据工程造价信息或参照市场价格估算，列出明细表。专业工程暂估价一般应是综合暂估价，应当包括除规费和税金以外的管理费、利润等取费。计日工应列出项目名称、计量单位和暂估数量。施工总承包服务费应列出服务项目及内容等。其他项目可根据工程实际情况补充，见表3-4。

表3-4　其他项目清单与计价汇总表

工程名称：

序号	项目名称	金额	备注
1	暂列金额		
2	暂估价		
2.1	材料及工程设备暂估价		
2.2	专业工程暂估价		
3	计日工		
4	施工总承包服务费		
	合计		

（四）规费和税金项目清单

规费项目清单应按照下列内容列项：社会保险费，包括养老保险费、失业保险费、医疗保险费、工伤保险费、生育保险费，住房公积金。如出现计价规范中未列项目，应根据省级政府或省级有关权力部门的规定列项。

规费和税金不得作为竞争性费用。

任务二　园林工程工程量清单计价

一、园林工程计价方法

按照《浙江省建设工程计价规则》（2018版），建筑安装工程统一按照综合单价法进行计价，包括国标工程量清单计价和定额项目清单计价两种。采用国标工程量清单计价和定额项目清单计价时，园林工程除分部分项工程费、施工技术措施项目费分别依据《园林绿化工程工程量计算规范》（GB 50858—2013）规定的清单项目和《浙江省园林绿化及仿古建筑工程预算定额》（2018版）规定的定额项目列项计算外，其余费用的计算原则及方法应当一致。

园林工程计价可采用一般计税法和简易计税法计税。园林工程概算应采用一般计税法计税。采用一般计税法计税时，其税前工程造价（或税前概算费用）的各费用项目均不包含增值税的进项税额，相应价格费率及其取费基数均按"除税价格"计算或测定。采用简易计税法计税时,其税前工程造价的各费用项目均应包含增值税的进项税额,相应价格、费率及取费基数均按"含税价格"计算或测定。

二、园林工程概算费用计价

工程概算费用由税前概算费用和税金(增值税销项税)组成,计价内容包括概算分部分项工程(包含施工技术措施项目)费、总价综合费用、概算其他费用和税金。

1. 概算分部分项工程费

$$概算分部分项工程费 = \sum(概算分部分项工程数量 \times 综合单价) \qquad (3-1)$$

其中,概算分部分项工程数量应根据概算的专业定额中定额项目规定的工程量计算规则进行计算。没有概算定额的参考相应的预算定额工程量计算规划计算。

综合单价所含人工费、材料费、机械费应按照概算的专业定额,浙江省可参考《浙江省园林绿化及仿古建筑工程预算定额》(2018版)中的人工、材料、施工机械消耗量以概算编制期对应月份省(自治区、直辖市)工程造价管理机构发布的市场信息价进行计算。遇未发布市场信息价的,可通过市场调查以询价方式确定价格。综合单价所含企业管理费、利润应以概算的专业定额,没有概算定额的,参考相应的预算定额中定额项目的"定额人工费+定额机械费"乘以单价综合费用费率进行计算。单价综合费用费率由企业管理费率和利润率构成,按相应施工取费费率的中值取定。

2. 总价综合费用

按概算分部分项工程费中的"定额人工费+定额机械费"乘以总价综合费用费率进行计算。总价综合费的费率由施工组织措施项目费相关费率和规费费率构成,所含施工组织措施项目费的费率包括安全文明施工费、提前竣工增加费、二次搬运费、冬雨季施工增加费的费率,不包括标化工地增加费和行车、行人干扰增加费的费率。

其中,安全文明施工费的费率按市区工程相应基准费率(即施工取费费率的中值)取定。提前竣工增加费的费率按缩短工期比例为10%以内施工取费费率的中值取定;二次搬运费、冬雨季施工增加费的费率按相应施工取费费率的中值取定;规费费率按相应施工取费费率取定。

3. 概算其他费用

概算其他费用按标化工地预留费、优质工程预留费、概算扩大费用之和进行计算。

(1)标化工地预留费:因工程实施时可能发生的标化工地增加费而预留的费用。标化工地预留费应以概算分部分项工程费中的"定额人工费+定额机械费"乘以标化工地预留费的费率进行计算。标化工地预留费的费率按市区工程标化工地增加费相应标化等级的施工取费费率取定,设计概算编制时已明确创安全文明施工标准化工地目标的,按目标等级对应费率计算。

(2)优质工程预留费:因工程实施时可能发生的优质工程增加费而预留的费用。优质工程预留费应以"概算分部分项工程费+总价综合费用"乘以优质工程预留费的费率进行计算。优质工程预留费的费率按优质工程增加费相应优质等级的施工取费费率取定,设计概算编制时已明确创优质工程目标的,按目标等级对应费率计算。

(3)概算扩大费用:因概算定额与预算定额的水平幅度差、初步设计图纸与施工图纸的设计深度差异等因素,编制概算时应予以适当扩大需考虑的费用。概算扩大费用应以"概算分部分项工程费+总价综合费用"乘以扩大系数进行计算。扩大系数按1%～3%进行取定,具体数值可根据工程的复杂程度和图纸的设计深度确定。其中,较简单工程或图纸设计深度达到要求的取1%,一般工程取2%,较复杂工程或设计图纸深度不够要求的取3%。

4. 税金

税前概算费用按概算分部分项工程费总价综合费用、概算其他费用之和进行计算。税金按税前概算费用乘以增值税销项税税率进行计算。建筑安装工程概算费用按税前概算费用税金之和进行计算。

表3-5是建筑安装工程概算费用计算程序,适用于园林工程。

表3-5 建筑安装工程概算费用计算程序

序号	费用项目		计算方法(公式)
一	概算分部分项工程费		∑(概算分部分项工程数量×综合单价)
	其中	1. 人工费+机械费	∑概算分部分项工程 (定额人工费+定额机械费)
二	总价综合费用		1×费率
三	概算其他费用		2+3+4
	其中	2. 标化工地预留费	1×费率
		3. 优质工程预留费	(一+二)×费率
		4. 概算扩大费用	(一+二)×扩大系数
四	税前概算费用		一+二+三
五	税金(增值税销项税)		四×税率
六	建筑安装工程概算费用		四+五

三、园林工程施工费用计价

园林工程施工费用(即工程造价)由税前工程造价和税金(增值税销项税或征收率)组成,计价内容包括分部分项工程费、措施项目费、其他项目费、规费和税金。

1. 分部分项工程费

$$分部分项工程费 = \sum(分部分项工程数量×综合单价) \quad (3-2)$$

(1)工程数量。

① 采用国标工程量清单计价的工程,园林分部分项工程数量应根据《园林绿化工程工程量计算规范》(GB 50858—2013)中清单项目(含各省补充清单项目)规定的工程量计算规则和各省有关规定进行计算。

② 采用定额项目清单计价的工程,园林分部分项工程数量应根据园林预算定额中定额项目规定的工程量计算规则进行计算。

③ 编制项目最高投标限价和投标报价时,工程数量应统一按照招标人在发承包计价前依据招标工程设计图纸和有关计价规定计算并提供的工程量确定;编制竣工结算时,工程数量应以承包人完成合同工程应予计量的工程量进行调整。

（2）综合单价。

① 工料机费用。

编制最高投标限价时,综合单价所含人工费、材料费、机械费应按照园林绿化工程预算定额中的人工、材料、施工机械台班消耗量以相应"基准价格"进行计算。遇未发布基准价格的,可通过市场调查以询价方式定价。因设计标准未明确等原因造成无法当时确定准确价格或者设计标准虽已明确但一时无法取得合理询价的材料,应以"暂估单价"计入综合单价。

编制投标报价时,综合单价所含人工费、材料费、机械费可按照企业定额或参照园林预算定额中的人工、材料、施工机械台班消耗量以当时当地相应市场价格由企业自主确定。其中,材料的"暂估单价"应与最高投标限价保持一致。

微课
清单计价(1)

微课
清单计价(2)

编制竣工结算时,综合单价所含人工费、材料费、机械费除"暂估单价"直接以相应"确认单价"替换计算外,应根据已标价清单综合单价中的人工、材料、施工机械台班消耗量,按照合同约定计算因价格波动所引起的价差。计补价差时,应以分部分项工程所列项目的全部差价汇总计算,或直接计入相应综合单价。

② 企业管理费、利润。

编制最高投标限价时,采用国标工程量清单计价的工程,综合单价所含企业管理费、利润应以清单项目中的"定额人工费+定额机械费"乘以企业管理费、利润相应费率分别进行计算;采用定额项目清单计价的工程,综合单价所含企业管理费、利润应以定额项目中的"定额人工费+定额机械费"乘以企业管理费、利润相应费率分别进行计算。其中,企业管理费、利润率应按相应费施工取费费率的中值计取。

编制投标报价时,采用国标工程量清单计价的工程,综合单价所含企业管理费、利润应以清单项目中的"人工费+机械费"乘以企业管理费、利润费率分别进行计算;采用定额项目清单计价的工程,综合单价所含企业管理费、利润应以定额项目中的"人工费+机械费"乘以企业管理费、利润相应费率分别进行计算。其中,企业管理费、利润的费率可参考相应施工取费费率由企业自主确定。

编制竣工结算时,采用国标工程量清单的工程综合单价所含企业管理费、利润应以清单项目中依据已标价清单综合单价确定的"人工费+机械费"乘以企业管理费、利润相应的费率分别进行计算;采用定额项目清单计价的工程,综合单价所含企业管理费、利润应以定额项目中依据已标价清单综合单价确定的"人工费+机械费"乘以企业管理费、利润相应费率分别进行计算。其中,企业管理费、利润的费率按投标报价时的相应费率保持不变。

③ 风险费用。综合单价应包括风险费用,风险费用是指隐介于综合单价之中用于化解发承包双方在工程合同中约定风险内容和范围(幅度)内人工、材料、施工机械台班的市场价格波动风险的费用。以"暂估单价"计入综合单价的材料不考虑风险费用。

2. 措施项目费

$$措施项目费=施工技术措施项目费+施工组织措施项目费 \qquad (3-3)$$

（1）施工技术措施项目费。施工技术措施项目费应以施工技术措施项目工程数量乘以综合单价以其合价之和进行计算。同分部分项工程费计算。

（2）施工组织措施项目费。施工组织措施项目费分为安全文明施工基本费、标化工地增加费、提前竣工增加费、二次搬运费、冬雨季施工增加费和行车、行人干扰增加费,除安全文明施工基本费属于必须计算的施工组织措施费项目外,其余施工组织措施项目费可根据工程实际需要进行列项,工程实际不发生的项目不应计取其费用。

编制最高投标限价时,施工组织措施项目费应以分部分项工程费与施工技术措施项目费中的"定额人工费+定额机械费"乘以各施工组织措施项目相应费率以其合价之和进行计算。其中,安全文明施工基本费率应按相应基准费率(即施工取费费率的中值)计取,其余施工组织措施项目费(标化工地增加费除外)的费率均按相应施工取费费率的中值确定。

编制投标报价时,施工组织措施项目费应以分部分项工程费与施工技术措施项目费中的"人工费+机械费"乘以各施工组织措施项目相应费率以其合价之和进行计算。其中,安全文明施工基本费率应以不低于相应基准费率的90%(即施工取费费率的下限)计取,其余施工组织措施项目费(标化工地增加费除外)的费率可参考相应施工取费费率由企业自主确定。

编制竣工结算时,施工组织措施项目费应以分部分项工程费与施工技术措施项目费中依据已标价清单综合单价确定的"人工费+机械费"乘以各施工组织措施项目相应费率以其合价之和进行计算。其中,除法律、法规等政策性调整外,各施工组织措施项目费的费率均按投标报价时的相应费率保持不变。

① 安全文明施工基本费。安全文明施工基本费分为非市区工程和市区工程。

② 标化工地增加费。标化工地施工费的基本内容已在安全文明施工基本费中综合考虑,但获得国家、省、设区市、县市区级安全文明施工标准化工地的应计算标化工地增加费。由于标化工地一般在工程竣工后进行评定,且不一定发生或达到预期要求的等级,编制最高投标限价和投标报价时,标化工地增加费可按其他项目费的暂列金额计列;编制竣工结算时,标化工地增加费应以施工组织措施项目费计算。按照合同约定与实际创建的等级计算。

③ 提前竣工增加费。提前竣工增加费以工期缩短的比例计取,工期缩短比例按以下公式确定:

$$工期缩短比例 = \left[\frac{(定额工期 - 合同工期)}{定额工期} \right] \times 100\% \qquad (3-4)$$

缩短工期比例在30%以上者,应按审定的措施方案计算相应的提前竣工增加费。实际工期比合同工期提前的,应根据合同约定另行计算。

④ 二次搬运费。二次搬运费适用于因施工场地狭小等特殊情况一次到不了施工现场而需要再次搬运发生的费用,不适用上山及过河发生的费用。

⑤ 冬雨季施工增加费。冬雨季施工增加费不包括暴雪、强台风、暴雨、高温等异常恶劣气候所引起的费用,发生时应另列项目以现场签证进行计算。

⑥ 行车、行人干扰增加费。行车、行人干扰增加费已综合考虑按要求进行交通疏导、设置导行标志需发生的费用。包括道路绿化(含景观)的改造与养护工程。

3. 其他项目费

其他项目费按照不同计价阶段结合工程实际确定计价内容。其中,编制最高投标限价和投标报价时,按暂列金额、暂估价、计日工和施工总承包服务费中实际发生项的合价之和进行计算,编制竣工结算时,按专业工程结算价、计日工、施工总承包服务费、索赔与现场签证费和优质工程增加费实际发生项的合价之和进行计算。

（1）暂列金额。暂列金额按标化工地暂列金额、优质工程暂列金额、其他暂列金额之和进行计算。最高投标限价与投标报价的暂列金额应保持一致,竣工结算时暂列金额应予以取消,另根据工程实际发生项目增加相应费用。

（2）暂估价。暂估价按专业工程暂估价和专项措施暂估价之和进行计算。最高投标限价与投标报价的暂估价应保持一致,竣工结算时,专业工程暂估价用专业工程结算价取代,专项措施暂估价用专项措施结算价取代并计入施工技术措施项目费及相关费用。材料及工程设备暂估价按其暂估单价列入分部分项工程项目的综合单价计算。

（3）计日工。
$$计日工 = \sum（计日工数量 \times 综合单价）\qquad(3-5)$$

① 计日工数量。编制最高投标限价和投标报价时,计日工数量应统一以招标人在发承包计价前提供的"暂估数量"进行计算;编制竣工结算时,计日工数量应按实际发生并经发承包双方签证认可的"确认数量"进行调整。

② 计日工综合单价。计日工综合单价应以除税金以外的全部费用进行计算。编制最高投标限价时,应按有关计价规定并充分考虑市场价格波动因素计算;编制投标报价时,可由企业自主确定;编制竣工结算时,除计日工特征内容发生变化应予以调整外,其余按投标报价时的相应价格保持不变。

（4）施工总承包服务费。
$$施工总承包服务费 = 专业发包工程管理费 + 甲供材料设备保管费\qquad(3-6)$$

① 专业发包工程管理费。发包人对其发包工程中的相关专业工程进行单独发包的,施工总承包人可向发包人计取专业发包工程管理费。专业发包工程管理费按各专业发包工程金额乘以专业发包工程管理费相应费率以其合价之和进行计算。

② 甲供材料设备保管费。发包人自行提供材料、工程设备的,对其所提供的材料、工程设备进行管理、服务的单位（施工总承包人或专业工程分包人）可向发包人计取甲供材料设备保管费。甲供材料设备保管费按甲供材料金额、甲供设备金额分别乘以各自的保管费率以其合价之和计算。

（5）索赔与现场签证费。索赔与现场签证费按索赔费用和签证费用之和计价。

（6）优质工程增加费。《浙江省园林绿化及仿古建筑工程预算定额》（2018 版）的消耗量水平按合格工程考虑,获得国家、省、设区市、县市区级优质工程的,应计算优质工程增加费。优质工程增加费以获奖工程除本费用之外的税前工程造价乘以优质工程增加费相应费率进行计算。

4. 规费

规费费率包括养老保险费、失业保险费、医疗保险费、生育保险费、工伤保险费和住房公积金等"五险一金"的费率。

编制最高投标限价时,规费应以分部分项工程费与施工技术措施项目费中的"定额人工费+定额机械费"乘以规费相应费率进行计算;编制投标报价时,投标人应根据本企业实际缴纳"五险一金"情况自主确定规费费率,规费应以分部分项工程费与施工技术措施项目费中的"人工费+机械费"乘以自主确定规费费率进行计算;编制竣工结算时,规费应以分部分项工程费与施工技术措施项目费中依据已标价清单综合单价确定的"人工费+机械费"乘以规费相应费率进行计算。

5. 税前工程造价

税前工程造价按分部分项工程费、措施项目费、其他项目费、规费之和进行计算。

6. 税金

税金不得作为竞争性费用。税金按税前工程造价乘以增值税相应税率进行计算。

税前工程造价由人工费、材料费、施工机械使用费、企业管理费、利润和规费各费用项目组成,各费用项目均不包含增值税进项税额。遇税前工程造价包含甲供材料、甲供设备金额的,应在计税基数中予以扣除。

表3-6是招投标阶段建筑安装工程施工费用计算程序,表3-7是竣工结算阶段建筑安装工程施工费用计算程序,这两个表也适用于园林工程。

表3-6　招投标阶段建筑安装工程施工费用计算程序

序号	费用项目		计算方法(公式)
一	分部分项工程费		∑(分部分项工程数量×综合单价)
	其中	1. 人工费+机械费	∑分部分项工程(人工费+机械费)
二	措施项目费		(一)+(二)
		(一)施工技术措施项目费	∑(技术措施项目工程数量×综合单价)
	其中	2. 人工费+机械费	∑技术措施项目(人工费+机械费)
		(二)施工组织措施项目费	按实际发生项之和进行计算
	其中	3. 安全文明施工基本费	(1+2)×费率
		4. 提前竣工增加费	
		5. 二次搬运费	
		6. 冬雨季施工增加费	
		7. 行车、行人干扰增加费	
		8. 其他施工组织措施费	按相关规定进行计算
三	其他项目费		(三)+(四)+(五)+(六)
		(三)暂列金额	9+10+11
	其中	9. 标化工地暂列金额	(1+2)×费率
		10. 优质工程暂列金额	除暂列金额外税前工程造价×费率
		11. 其他工程暂列金额	除暂列金额外税前工程造价×估算比例
		(四)暂估价	12+13
	其中	12. 专业工程暂估价	按各专业工程的除税金外全费用暂估金额之和进行计算
		13. 专项措施暂估价	按各专项措施的除税金外全费用暂估金额之和进行计算
		(五)计日工	∑计日工(暂估数量×综合单价)

续表

序号	费用项目		计算方法（公式）
	（六）施工总承包服务费		14+15
	其中	14. 专业发包工程管理费	∑专业发包工程（暂估金额×费率）
		15. 甲供材料设备保管费	甲供材料暂估金额×费率+甲供设备暂估金额×费率
四	规费		（1+2）×费率
五	税前工程造价		一+二+三+四
六	税金（增值税销项税或征收率）		五×税率
七	建筑安装工程造价		五+六

表 3-7　竣工结算阶段建筑安装工程施工费用计算程序

序号	费用项目		计算方法（公式）
一	分部分项工程费		∑（分部分项工程数量×综合单价+工料机价差）
	其中	1. 人工费+机械费	∑分部分项工程（人工费+机械费）
		2. 工料机价差	∑分部分项工程数量×（人工价差+材料费价差+机械费价差）
二	措施项目费		（一）+（二）
	（一）施工技术措施项目费		∑技术措施项目（工程数量×综合单价+工料机价差）
	其中	3. 人工费+机械费	∑技术措施项目（人工费+机械费）
		4. 工料机价差	∑技术措施项目（人工价差+材料费价差+机械费价差）
	（二）施工组织措施项目费		按实际发生项之和进行计算
	其中	5. 安全文明施工基本费	
		6. 标化工地增加费	
		7. 提前竣工增加费	
		8. 二次搬运费	（1+3）×费率
		9. 冬雨季施工增加费	
		10. 行车、行人干扰增加费	
		11. 其他施工组织措施费	按相关规定进行计算
三	其他项目费		（三）+（四）+（五）+（六）+（七）
	（三）专业发包工程结算价		按各专业发包工程的除税金外全费用结算金额之和进行计算
	（四）计日工		∑计日工（确认数量×综合单价）

序号	费用项目			计算方法（公式）
	（五）施工总承包服务费			12+13
	其中	12. 专业发包工程管理费		∑专业发包工程（结算金额×费率）
		13. 甲供材料设备保管费		甲供材料确认金额×费率+甲供设备确认金额×费率
	（六）索赔和现场签证			14+15
	其中	14. 索赔费用		按各索赔事件的除税金外全费用金额之和进行计算
		15. 签证费用		按各签证事项的除税金外全费用金额之和进行计算
	（七）优质工程增加费			除优质工程增加费外税前工程造价×费率
四	规费			(1+3)×费率
五	税前工程造价			一+二+三+四
六	税金（增值税销项税）			五×税率
七	建筑安装工程造价			五+六

任务三 园林绿化及仿古建筑工程取费费率

一、园林绿化及仿古建筑工程概算费率

按照《浙江省建设工程计价规则》（2018版）规定，园林绿化及仿古建筑工程概算涉及的单价综合费用费率见表3-8、总价综合费用费率见表3-9、标化工地预留费率见表3-10、优质工程预留费率见表3-11、税金税率见表3-12。

表3-8 单价综合费用费率

定额编号	项目名称	计算基数	费率/%
GE1	园林绿化及仿古建筑工程		
GEl-1	仿古建筑工程	定额人工费+定额机械费	24.38
GEI-2	园林绿化及景观工程		29.58
GEI-3	单独绿化工程		31.10

表 3-9 总价综合费用费率

定额编号	项目名称	计算基数	费率/%
GE2	园林绿化及仿古建筑工程		
GE2-1	仿古建筑工程	定额人工费+定额机械费	39.12
GE2-2	园林绿化及景观工程		38.34
GE2-3	单独绿化工程		36.06

表 3-10 标化工地预留费率

定额编号	项目名称	计算基数	费率/%			
			优质工程等级			
			县市区级	设区市级	省级	国家级
GE3	园林绿化及仿古建筑工程	定额人工费+定额机械费	0.93	1.13	1.33	1.60

表 3-11 优质工程预留费率

定额编号	项目名称	计算基数	费率/%			
			优质工程等级			
			县市区级	设区市级	省级	国家级
GE4	园林绿化及仿古建筑工程	概算分部分项工程费+总价综合费用	0.75	1.00	1.25	1.50

表 3-12 税金税率

定额编号	项目名称	适用计税方法	计算基数	税率/%
G5	增值税销项税	一般计税方法	税前概算费用	9.00

二、园林绿化及仿古建筑工程施工取费费率

按照《浙江省建设工程计价规则》(2018 版)规定,园林绿化及仿古建筑工程施工取费中企业管理费率见表 3-13、利润率见表 3-14、施工组织措施项目费率见表 3-15、其他项目费率见表 3-16、规费费率见表 3-17、税金税率见表 3-18。

表 3-13 企业管理费率

定额编号	项目名称	计算基数	费率/%					
			一般计税			简易计税		
			下限	中值	上限	下限	中值	上限
E1	企业管理费							

定额编号	项目名称	计算基数	费率/%					
			一般计税			简易计税		
			下限	中值	上限	下限	中值	上限
E1-1	仿古建筑工程	人工费+机械费	12.59	16.78	20.97	12.51	16.68	20.85
E1-2	园林绿化及景观工程		13.88	18.51	23.14	13.82	18.43	23.04
E1-3	单独绿化工程		13.42	17.89	22.36	13.37	17.82	22.27
E1-4	专业土石方工程		3.31	4.41	5.51	3.05	4.07	5.09

表 3-14 利 润 率

定额编号	项目名称	计算基数	费率/%					
			一般计税			简易计税		
			下限	中值	上限	下限	中值	上限
E2			利润					
E2-1	仿古建筑工程	人工费+机械费	5.70	7.60	9.50	5.67	7.56	9.45
E2-2	园林绿化及景观工程		8.30	11.07	13.84	8.24	10.99	13.74
E2-3	单独绿化工程		9.91	13.21	16.51	9.83	13.11	16.39
E2-4	专业土石方工程		2.03	2.70	3.37	1.87	2.49	3.11

表 3-15 施工组织措施项目费率

定额编号	项目名称		计算基数	费率/%					
				一般计税			简易计税		
				下限	中值	上限	下限	中值	上限
E3				施工组织措施项目费					
E3-1				安全文明施工基本费					
E3-1-1	其中	非市区工程	人工费+机械费	4.79	5.32	5.58	5.03	5.59	6.15
E3-1-2		市区工程		5.77	6.41	7.05	6.06	6.73	7.40
E3-2				标化工地增加费					
E3-2-1	其中	非市区工程	人工费+机械费	0.94	1.10	1.32	0.99	1.16	1.39
E3-2-2		市区工程		1.13	1.33	1.60	1.19	1.40	1.68
E3-3				提前竣工增加费					

续表

定额编号	定额编号	计算基数	费率/%					
			一般计税			简易计税		
			下限	中值	上限	下限	中值	上限
E3-3-1	其中	缩短工期比例10%以内	人工费+机械费	0.01	0.68	1.35	0.01	0.72	1.43
E3-3-2		缩短工期比例20%以内		1.35	1.69	2.03	1.43	1.78	2.13
E3-3-3		缩短工期比例30%以内		2.03	2.40	2.77	2.13	2.52	2.91
E3-4		二次搬运费	人工费+机械费	0.10	0.13	0.16	0.11	0.14	0.17
E3-5		冬雨季施工增加费	人工费+机械费	0.07	0.15	0.23	0.08	0.16	0.24
E3-6		行车、行人干扰增加费	人工费+机械费	0.64	0.95	1.26	0.66	1.00	1.34

表 3-16　其他项目费率

定额编号	项目名称		计算基数	费率/%
E4	其他项目费			
E4-1	优质工程增加费			
E4-1-1	其中	县市区级优质工程	除优质工程增加费外税前工程造价	0.75
E4-1-2		设区市级优质工程		1.00
E4-1-3		省级优质工程		1.25
E4-1-4		国家级优质工程		1.50
E4-2	施工总承包服务费			
E4-2-1	其中	专业发包工程管理费(管理、协调)	专业发包工程金额	1.00～2.00
E4-2-2		专业发包工程管理费(管理、协调、配合)		2.00～4.00
E4-2-3		甲供材料保管费	甲供材料金额	0.50～1.00
E4-2-4		甲供设备保管费	甲供设备金额	0.20～0.50

表 3-17　规费费率

定额编号	项目名称	计算基数	费率/%	
			一般计税	简易计税
E5	规费			

续表

定额编号	项目名称	计算基数	费率/%	
			一般计税	简易计税
E5-1	仿古建筑工程	人工费+机械费	31.75	31.59
E5-2	园林绿化及景观工程		30.97	30.75
E5-3	单独绿化工程		30.61	30.37
E5-4	专业土石方工程		12.62	11.65

表 3-18　税 金 税 率

定额编号	项目名称	适用计税方法	计算基数	税率/%
E6	增值税			
E6-1	增值税销项税	一般计税方法	税前工程造价	9.00
E6-2	增值税征收率	简易计税方法		3.00

思考题

1. 园林工程工程量清单编制依据有哪些？

2. 国标工程量清单和定额工程量清单的异同点？两者有什么关系？

3. 园林工程工程量清单包括哪些内容？

4. 编制园林工程施工费用计价时，最高投标限价和投标报价在取费基数上有何不同？具体体现在哪些方面？

5. 找出招投标阶段和竣工结算阶段施工费用计算程序上的不同之处。

项目四

园林绿化工程

学习目标

了解绿化工程相关基础知识,熟悉绿化工程定额计价规则,掌握绿化工程工程量清单与计价表的编制。

重点难点

编制绿化工程工程量清单,计算绿化工程的综合单价,编制工程量清单与计价表。

能力目标

根据园林绿化施工图编制绿化工程工程量清单与计价表,能够熟练地进行绿化工程的清单计价。

任务一　园林绿化工程基础知识

一、地形整理

地形整理前应当对施工场地做全面了解,尤其是对地下管线,要根据实际情况加以保护或迁移,并全部清除地面上的灰渣、砖石、碎木、建筑垃圾、杂草、树根及酸、盐渍土、油污土等不适合植物生长的土壤,换上或加填种植土。

地形整理是指对地形进行适当松翻、去除杂物碎土、找平、整平、填压土壤,不得有低洼积水。地形整理最终要达到设计标高并符合种植要求。

苗木栽植土壤要求土质肥沃、疏松、透气、排水良好。土层厚度应满足以下条件:

浅根乔木≥80 cm;深根乔木>120 cm;小灌木、小藤本植物≥40 cm;大灌木、大藤本植物≥60 m。栽植土的 pH 值应控制在 6.5 ~ 7.5,对喜酸性的植物,pH 应控制在 5.5 ~ 6.5。

二、苗木的种类及质量要求

1. 乔木

微课
乔木(1)

乔木是指有明显主干的树木,如香樟、银杏、雪松、杜英、广玉兰、竹柏、白玉兰、紫玉兰、重阳木、悬铃木、黄山栾树、无患子、合欢、红枫、鸡爪槭、马褂木、龙柏、柳杉、池杉、黑松、马尾松等。

微课
乔木(2)

乔木又分常绿乔木和落叶乔木两大类,常绿乔木如香樟(图 4-1)、雪松、杜英、广玉兰、竹柏、龙柏、柳杉、黑松、香泡、金桂(图 4-2)、马尾松等。

图 4-1　香樟　　　　　　　　　　　　图 4-2　金桂

落叶乔木如银杏、白玉兰、紫玉兰、垂丝海棠、重阳木、悬铃木(图 4-3)、栾树、无患子、合欢、红枫(图 4-4)、紫薇、紫叶李、樱花、垂柳、鸡爪槭、马褂木、池杉等。

图 4-3　悬铃木

主干道、广场、公园等绿地种植的乔木要求树杆主杆挺直或按设计要求,树冠要求枝叶茂密、层次分明、冠形匀称;根系要求土球符合要求,根系完整;植株无病虫害。次干道及上述绿地和林地以外的其他绿地种植的乔木要求树杆主杆无有明显弯曲或按设计要求;树冠要求冠形匀称、无明显损伤;根系土球符合要求,根系完整,植株无明显病虫害。林地种植的乔木要求树杆主杆弯曲不超过一次,或按设计要求树冠无严重损伤;根系土球符合要求,根系完整;植株无明显病虫害。

图 4-4　红枫

2. 灌木

灌木是指无明显主干的树木,如金叶女贞、海桐、蜡梅、夹竹桃、绣线菊、紫荆、六道木、倭海棠、月季、茶梅、毛白杜鹃、含笑、小叶蚊母、龟甲冬青、八角金盘、洒金东瀛珊瑚、十大功劳、红花檵木、木槿、榆叶梅、丁香、紫叶小檗等。

灌木又分常绿灌木和落叶灌木两大类:常绿灌木如海桐(图 4-5)、夹竹桃、茶梅、含笑、龟甲冬青、八角金盘、洒金东瀛珊瑚、十大功劳、红花檵木(图 4-6)等。

微课
灌木(1)

图 4-5　海桐

图 4-6　红花檵木

落叶灌木如蜡梅、绣线菊、紫荆、六道木、月季、倭海棠、木槿(图 4-7)、榆叶梅、丁香(图 4-8)、紫叶小檗等。

自然式种植的灌木要求姿态自然、优美,丛生灌木分枝不少于 5 根。整形式种植的灌木要求冠形呈规则式,根系完整,土球符合要求,且生长均匀无明显病虫害。

图 4-7　木槿

图 4-8　丁香

3.藤本植物

藤本植物即攀缘植物,是指植物茎叶有钩刺附生物,可以攀缘峭壁或缠绕附着物生长的藤科植物,如葡萄、紫藤(图 4-9)、凌霄、蔷薇、爬山虎、花叶蔓长春花、络石(图 4-10)、黄木香等。藤本植物也分为常绿和落叶两大类。

图 4-9　紫藤

图 4-10　络石

藤本植物要求具有攀缘性,根系发达,枝叶茂盛,无明显病虫害,苗龄宜取以 2~3 年生为宜。

4. 绿篱

绿篱是指密植的树木,所采用的树木有金边黄杨(图 4-11)、红叶石楠、雀舌黄杨、水腊、珊瑚树(图 4-12)、九里香、金叶女贞等。绿篱根据种植方式,分为单排、双排、三排。

微课
灌木(2)

图 4-11　金边黄杨

图 4-12　珊瑚树

绿篱所采用的植株要求生长旺盛,具有一定冠形,根系完好,无明显病虫害,不脱脚。

5. 竹类植物

微课
竹类与草坪

竹类植物是指禾本科竹亚科植物,如毛竹、刚竹(图 4-13)、四季竹、紫竹、孝顺竹(图 4-14)、凤尾竹、方竹等。

图 4-13 刚竹

图 4-14 孝顺竹

竹类植物的要求:散生竹宜选 2～3 年生母竹,主杆完整,来鞭 35 cm 左右,去鞭 70 cm 左右;丛生来鞭 30 cm 左右,去鞭 30 cm 左右,同时要求植株根带(竹杆与竹鞭之间的着生点)及鞭芽无损伤。

6. 花卉

狭义的花卉是指有观赏价值的草本植物,如凤仙花、菊花、一串红等。广义的花卉除有观赏价值的草本植物外,还包括草本或木本的地被植物、花灌木、开花乔木以及盆景等,如月季、桃花、茶花、梅花等。

定额中的花卉是指狭义概念的花卉。草本花卉一般为柔弱矮小,其茎干为草质。预算定额中的栽植花卉项目是指栽植草本花卉的项目,其中的栽植草本花定额子目是指栽植非球根类的草本花,如红掌(图 4-15)、郁金香(图 4-16)等。栽植球根类花卉定额子目是指栽植球根类草本花。

图 4-15 红掌

图 4-16 郁金香

球根花卉为多年生草本花卉,个体寿命超过两年,其地下部分具有膨大的变形茎或根,有以下五种类型。

① 具有多数肥大鳞片的鳞茎类,如百合(图 4-17)、水仙(图 4-18)。

图 4-17 百合

图 4-18 水仙

② 外形如球、内部实心的球茎类,如唐菖蒲(图 4-19)。

③ 地下茎成块状的块茎类,如马蹄莲(图 4-20)。

图 4-19 唐菖蒲   图 4-20 马蹄莲

④ 地下茎肥大而形成粗长根茎的根茎类,其上有明显的节与节间,如红花美人蕉 (图 4-21)。

图 4-21 红花美人蕉

⑤ 由根膨大而成的块根类,如大丽花(图 4-22)。

花卉栽植要求植株花期一致、花繁或花大、花朵顶生显露、株高整齐、叶色及叶形协调,容易配置的品种。

7.水生植物

水生植物是指生长在湿地或者水里的植物,如鸢尾、荷花(图 4-23)、睡莲、水葱、水芹菜、菱、菖蒲、浮萍、水葫芦等。水生植物可分为以下五类。

(1)**挺水植物**:根扎入水底淤泥中,上部植株挺出水面。如荷花、千屈菜、菖

图 4-22　大丽花

蒲、黄菖蒲、水葱、香蒲(图 4-24)、泽泻、芦苇等。荷花以 2 节以上且带牙为一株。

图 4-23　荷花

图 4-24　香蒲

(2)**湿生植物**:生活在草甸、河湖岸边和沼泽的植物。湿生植物喜欢潮湿环境,不能忍受较长时间的水分不足,是抗旱能力最低的陆生植物,如黄菖蒲(图 4-25)、千屈

菜、梭鱼草、再力花(图4-26)等。

图4-25　黄菖蒲

图4-26　再力花

（3）**浮叶植物**：根系生于水底泥中，茎细弱不能直立，叶片漂浮于水面上，如王莲、睡莲(图4-27)、菱角(图4-28)、萍蓬草、荇菜等。

图4-27　睡莲

图 4-28　菱角

（4）**漂浮植物：**根不生于泥中，株体漂浮于水面之上，随水流四处漂泊，如凤眼蓝（图 4-29）、莼菜（图 4-30）等。

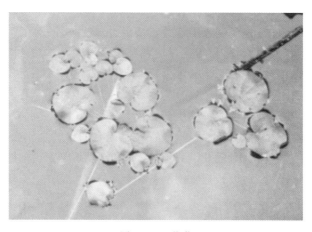

图 4-29　凤眼蓝　　　　　　　　　图 4-30　莼菜

（5）**沉水植物：**根生于泥中，整个植株沉入水中，如金鱼藻（图 4-31）、眼子菜、皇冠草、龙舌草（图 4-32）等。

图 4-31　金鱼藻

图 4-32　龙舌草

8. 草坪

草坪是指经过人工选育的多年生矮生密集型草本植被,经过修剪养护,形成整齐均匀状如地毯,起到绿化保洁和美化环境的草本植物。草坪按种植类型分为有单纯型草坪、混合型草坪,按品种为冷季型草坪、暖季型草坪。草坪的覆盖率应大于 95%,预算定额的草坪养护项目分为冷季型草坪、暖季型草坪和混合运动型草坪三类。

冷季型草坪适宜的生长温度为 15 ~ 25 ℃,气温高于 30 ℃,生长缓慢,在炎热的夏季,冷季型草坪进入生长不适阶段,此时如果管理不善,则易发生问题。冷季型草坪多用于黄河流域附近及以北地区,主要包括高羊茅(图 4-33)、黑麦草(图 4-34)、早熟禾(图 4-35)、剪股颖(图 4-36)等种类。

图 4-33　高羊茅

图 4-34　黑麦草

暖季型草坪最适合生长的温度为 25 ~ 35 ℃,在 -5 ~ 42 ℃ 范围内能安全存活,这类草在夏季或温暖地区生长旺盛。暖季型草坪多用于长江流域附近及以南地区,尤其适用于热带、亚热带及过渡气候带地区。主要包括马尼拉草(图 4-37)、狗牙根(图4-38)(百慕大)、百喜草(图 4-39)、结缕草(图 4-40)、画眉草(图 4-41)等。

图 4-35　早熟禾　　　　　　　　　　　　　　图 4-36　剪股颖

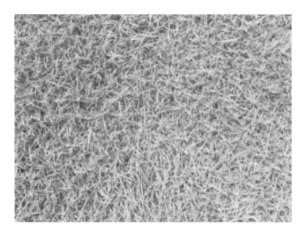

图 4-37　马尼拉草　　　　　　　　　　　　　图 4-38　狗牙根

图 4-39　百喜草　　　　　　　　　　　　　　图 4-40　结缕草

　　运动草坪是指供体育活动用的草坪,如足球场草坪、网球场草坪、高尔夫球场草坪、武术场草坪、儿童游戏场草坪等。各类运动场均需选用适于体育活动的耐践踏、耐修剪、有弹性的草坪植物。

图 4-41　画眉草

　　混合草坪(草地)是指由好几种禾本科多年生草本植物混合播种而形成,或禾本科多年生草本植物中混有其他草本植物的草坪或草地。合理配比的混合草坪可以提高草坪效果。例如,在我国南方,狗牙草、地毯草或结缕草为主要草种,可混入多年生黑麦草等。

三、苗木的起挖

1. 苗木的起挖时间

　　落叶树木应在发芽前或者落叶后土壤冰冻前起挖苗木,常绿树木应在春季土壤解冻后发芽前或秋季新梢停止生长后霜降前起挖苗木。

2. 带土球起挖树木的包扎

　　树木带土球起挖不得挖破土球,原则上土球破损的树木不得出圃。包扎土球的绳索要粗细适宜、质地结实,以草麻绳为宜。土球包扎形式应根据树种的规格、土壤的质地、运输的距离等因素来选定,应保证包扎牢固,严防土球破碎。土球的包扎分为橘子包、井字包和五角包三种形式,一般以五角包为主。如土质松散,也可采用两种形式混合包扎。

四、苗木的装卸和运输

　　(1)装运树木时,应做到轻抬、轻装、轻卸、轻放,不拖、不抢,使树木土球不破损碎裂,根盘不擦伤、撕裂,不伤枝杆。对有些树冠展开较大的树木,应用绳索绑扎树冠。

　　(2)装运带土球或根盘的大树,其根部必须放置在车头部位,树冠倒向车尾,叠放整齐,过重苗木不宜重叠,树身与车板接触处应用软物衬垫固定。

　　(3)装运带土球的大树时,要用竹片或木条对大树的树皮进行保护,防止皮层受损伤,影响成活率。

　　(4)树木运输最好选择在夜间,同时做好防晒、防风、保湿、防雨、防盗等工作,做到随起、随装、随运、随种。

　　(5)树木运输前,要用篷布对大树进行保护,防止苗木在长途运输过程中失水而影响成活率。

微课
树木栽植(1)

微课
树木栽植(2)

五、苗木的栽植

（1）苗木起挖后，如遇气温骤升骤降、大风大雨等特殊天气不能及时种植或苗木一下子种不完等情形，应采取临时保护措施，如覆盖、假植等。

动画
栽植（1）

（2）树穴的规格大小、深浅，应按植株的根盘或土球直径适当放大，使根盘能充分舒展。高燥地树穴稍深，低洼地树穴稍浅。树穴的直径一般比树木的土球或根盘直径大 20～40 cm；树穴的深度一般是树木穴径的 2/3 左右，如穴底需要施堆肥或设置滤水层，应按设计要求加深树穴的深度。

动画
栽植（2）

（3）挖树穴时，遇夹土层、块石、建筑垃圾及其他有害物必须清除，并换上种植土。树穴应挖成直筒形，严防锅底形。表土应单独堆放，覆土时先将表土放入树穴。

（4）栽植时应选择丰满完整的植株，并注意树杆的垂直及主要观赏面的摆放方向。植株放入穴内填至土球深度的 2/3 时，浇足第一次水，经渗透后继续填土至与地表持平时，再浇第二次水，以不再向下渗透为宜。

（5）树木栽植后，应沿树穴的外缘覆土保温，高度为 10～20 cm，以便灌溉，防止水土流失。同时在 3 日内再复水一次，复水后若发现泥土下沉，应在根部补充种植土。

六、苗木的支撑与绕杆

（1）乔木和珍贵树木栽植后，必须用毛竹、树棍或其他材料作支撑。支撑是指树木栽植后，为防止新种树木被风雨吹倒死亡，所采用的一种稳固树身的保护措施。常用的支撑有铁丝吊桩、短单桩、长单桩、扁担桩、三脚桩、四脚桩等。支撑桩的埋设深度，可按树种规格和土质确定，严禁打穿土球或损伤根盘，支撑高度一般是植株高度的 1/2 以上。高度在 5 m 以下的树木可以采用定杆支撑，高度在 5 m 以上的树木宜结合使用定杆支撑和牵引固定。

（2）草绳绕树干是指树木栽植后，为防止新种树木因树皮缺水而干死，用草绳将树干缠绕起来，以减少水分从树皮蒸发，同时也能将水喷洒在草绳上以保持树皮的湿润，提高树木成活率的一种保护措施。树木杆径 5 cm 以上的乔木和珍贵树木栽植后，在主杆与接近主杆的主枝部分，应用草绳（麻绳）等绕树干，以保护主杆和接近主杆的主枝不易受伤和抑制水分蒸发。

七、苗木的修剪

（1）苗木栽植后，为确保植株成活，必须修剪，修剪要结合树冠形状，将枯死枝及损伤枝剪除，剪口必须平整，稍倾斜，必要时剪口应采取封口措施，以减少植株水分蒸发。

（2）植株初剪后，必须摘除部分叶片。

八、苗木的反季节栽植

反季节栽植是指植物品种在不适宜其种植的季节（一般在每年的 1 月、6 月、7 月、8 月）种植。

因特殊原因，树木必须反季节栽植时，首先，应根据树种和气候等具体情况，采取相关的技术措施,如进行较强修剪,但至少保留枝条1/3;摘去大部分树叶,但不能损伤幼芽;经常浇水、喷雾(夏季应早、晚进行);绕杆保护,必要时应予遮阴,冬季注意防寒、防冻。其次,可以尽量应用容器苗,容器苗有完整的根系,它的成活率比较高。反季节施工时,尽可能地运用高科技产品(如使用蒸腾抑制剂、注杆活力素、浇根活力素等)来提高栽植成活率。

九、苗木栽植后的养护

动画
苗木养护(1)

动画
苗木养护(2)

(1)灌溉与排水:树木栽植后,根据不同的树种和立地条件及水文、气候情况,进行适时、适量的灌溉,以保持土壤中的有效水分。生长在立地条件较差或对水分和空气温湿度要求较高的树种,还应适当进行叶面喷水、喷雾。夏季浇水以早晚为宜,冬季浇水以中午为宜。如发现雨后积水,应立即排除。

(2)中耕除草、施肥:新栽树木长势较弱,应及时清除影响其生长的杂草,并及时给因浇水而板结的土壤松土。除草可结合中耕进行,中耕深度以不影响根系为宜。同时应按树木的生长情况和观赏要求适当施肥。

(3)整形修剪:新栽树木可在原有树形或造型基础上进行适度修剪。通过修剪,调整树形,促进树木生长,新栽观花或观果树木,应适当疏蕾摘果。主梢明显的乔木类,应保护顶芽。孤植树应保留下枝,保持树冠丰满。花灌木的修剪,有利于促进短枝和花芽形成,促其枝叶繁茂、分布匀称。修剪应遵循"先上后下,先内后外,去弱留强,去老留新"的原则。藤本攀缘类木本植物为促进其分枝,宜适度修剪,并设攀缘设施。新栽绿篱按设计要求适当修剪整形,促其枝叶茂盛。

(4)保护措施:如遇持续高温干旱,除及时浇水灌溉外,应根据新栽树木的抗旱能力,适当疏去部分枝叶。对新栽珍贵树木,必要时应对其遮阴及叶面喷水、喷雾。对新栽树木的原有支撑应经常检查,发现问题及时加固。寒冬来临前应做好根际培土、主杆包扎或设立风障等防寒措施。大雪时应及时清除树冠积雪,新栽珍贵树木在养护过程中,为防止人为践踏,碰撞及折损,可在树木周围设置护栏。

(5)补植:新栽树木因死亡发生缺株,应适时补植。

任务二　园林绿化工程计量

一、名词解释

微课
名词释义

乔木:有明显主干的树木,乔木分为常绿乔木和落叶乔木两大类。

灌木:无明显主干的树木,灌木分为常绿灌木和落叶灌木两大类。

藤本:藤本即攀缘植物,是指植物茎叶有钩刺附生物,可以攀缘峭壁或缠绕附着物生长的植物,藤本植物分为常绿和落叶两大类。

绿篱:用密植的树木成排地种植、并做造型修剪而成的植物墙。可以代替篱笆、栏杆和墙垣,具有分隔、防护或装饰作用。

竹类:禾本科竹亚科植物。

丛生竹:密聚生长在一起,株间间隙小,结构紧凑的竹子,具有很强的观赏价值。

水生植物:生长在湿地和水面的植物。

草坪:经过人工选育的多年生矮生密集型草本植被,经过修剪养护,形成整齐均匀状如地毯,起到绿化保洁和美化环境的草本植物。按种植类型分为单纯型草坪和混合型草坪,按品种分为暖地型草坪和冷地型草坪。

地被植物:株丛密集、低矮,用于覆盖地面,可保持水土、防止扬尘、改善气候并具有一定观赏价值的植物群体,这类植物分木本地被植物和草本地被植物两大类。

支撑:树木栽植后,为防止新种树木被风雨吹倒而死亡,所采用的一种稳固树身的保护措施。

草绳绕树干:树木栽植后,为防止新种树木因树皮缺水而干死,用草绳将树干缠绕起来,以减少水分从树皮蒸发,同时也能将水喷洒在草绳上以保持树皮湿润,提高树木成活率的一种保护措施。

人工换土:对挖好用于栽植树木的地坑,将坑内的原土丢弃,填入好的客土。

胸径:乔木离地面 1.2 m 处的树杆直径,常以"φ"表示,计量单位为 cm。

干径:苗木离地面 0.3 m 处的树杆直径。

蓬径:蓬径又称冠径,指苗木冠丛的最大幅度之间的直径,以"P"或"W"表示。

土球直径:土球直径又称泥球直径,指苗木移植时根部所带泥球的直径,以"D"表示。

株高(冠丛高):地表面至乔(灌)木顶端的高度。

篱高:地表面至绿篱顶端的高度。

生长年限:苗木种植至起苗时止的生长时间。

大树:一般是指胸径在 15 cm 以上的常绿乔木和胸径在 20 cm 以上的落叶乔木。

反季节种植:园林苗木在不适宜其种植的季节(一般在每年的 1 月、6 月、7 月、8 月)种植。

古树名木:古树泛指树龄在百年以上的树木;名木泛指珍贵、稀有或具有历史、科学、文化价值以及有重要纪念意义的树木。

色带:一定地带同种或不同种花卉及观叶植物配合起来所形成的具有一定面积的有观赏价值的风景带,如图 4-42 所示。

图 4-42　色带

花境：由多种花卉及常绿植物交错混合栽植，沿道路形成的花带，如图 4-43 所示。

图 4-43　花境

植生带：采用无纺布或纸，将种子、肥料按播种密度均匀夹在两层布（纸）中间，用机器压紧成卷，使用时需按面积剪好拉平并固定，在两层布（纸）中间，用机器压紧成卷，使用时需按面积剪好拉平并固定，如图 4-44 所示。

图 4-44　植生带

二、绿化工程的定额工程量计算规则

（1）苗木种植、养护工程量计算。乔木、亚乔木、灌木的种植、养护以"株"计，灌木片的种植、养护以"m²"计算，花卉的种植以"株"计算，花卉片的种植以"m²"计算。草本花卉、地被植物的养护以"m²"计算。

（2）草皮的种植、养护工程量计算。草皮的种植、养护以"m²"计算。

（3）绿篱的种植、养护工程量计算。单排、双排、三排的绿篱种植、养护，均以"延长米"计算。

（4）水生植物的种植工程量计算规则。

① 湿生植物、沉水植物、挺水植物和浮叶植物以"株（丛）"计算。漂浮植物以"m^2"计算。

② 漂浮植物种植面积是指分割后种植水面面积，覆盖率是指施工时的覆盖率，水面分割材料另计。

（5）竹类植物的养护工程量计算。散生竹类的养护以"株"计算，丛生竹类的养护以"丛"计算。

（6）遮阴棚工程量计算。遮阴棚搭设按展开面积计算。

任务三　园林绿化工程计价

一、预算定额的有关计价规定

（1）种植定额子目基价中未包括苗木、花卉价格，其价格根据当时当地的价格确定，乔木的种植损耗按1%计算，灌木、草皮、竹类等种植损耗按5%计算。

微课
绿化预算定额（2）

（2）定额未包括种植前清除建筑垃圾及其他障碍物。

（3）起挖或栽植树木均以一、二类土为计算标准。如为三类土，人工乘以系数1.34；四类土，人工乘以系数1.76；冻土，人工乘以系数2.20。

（4）定额子目以原土回填为准，如需换土，按照"种植土回（换）填"定额子目另行计算。

（5）灌木片植是指种植面积在5 m^2以上，种植密度大于6株/m^2，且3排以上排列的一种成片栽植形式。

（6）起挖带土球的乔木按照胸径大小套用定额，带土球棕榈按照干径套用定额，灌木按照土球直径套用定额。

① 灌木土球直径设计未注明的，按其蓬径的1/3计算土球直径。

② 丛生乔木的胸径，按照每根树干胸径之和的0.75计算，其中树干胸径≤6 cm（干径≤7 cm）除外。当胸径在6 cm以上的树干少于2根时，其胸径按照每根树干胸径之和的0.85计算。

③ 只能测干径不能测胸径的乔木，胸径按照干径的0.86计算。

（7）遮阴棚搭设高度在5 m以上另计，遮阴棚搭设高度在5 m内定额按钢管搭设考虑，定额子目中未包括钢管及扣件的材料费。双层遮阴布材料按实际换算，人工乘以系数1.2。

（8）草坪喷播如采用手摇喷播机，参照籽播定额。草坪喷播如采用大型机械喷播，费用另行计算。

（9）草皮养护：播种草坪，生长期超过6个月，视作散播。散播草坪，生长期超过6个月，视作满铺。

（10）绿化养护定额的养护期为一年。实际养护期为两年的，第二年养护费用按照第一年养护费用乘以系数0.7。实际养护期超过两年的，两年以后的养护费用另外计算。

（11）定额未包括：

① 非适宜地树种的栽植、养护及反季节的栽植、养护；

② 古树名木和超规格大树的栽植、养护；

③ 高架绿化、边坡绿化的栽植、养护；

④ 屋顶绿化及水生植物的养护；

⑤ 屋顶绿化的垂直运输及设施保护费。

二、工程量清单计价应注意的问题

（1）栽植苗木、铺种草皮，清单项目工作内容一般包括苗木及草皮的起挖。

（2）种植土回（换）填清单项目，包括整体换土及每株苗木种植处换土。整体换土清单工程量按设计回填面积乘以回填厚度以体积计算；设计为每株苗木种植处换土时，清单工程量以株计量，建议清单项目与定额子目对应，按不同树穴大小分别列清单子目。

（3）种植土回（换）填与整理绿化用地清单项目工作内容均有找坡的要求。

（4）整理绿化用地清单项目，包含厚度小于或等于300 mm回填土。

（5）栽植灌木清单项目，在细分清单子目时，建议根据苗木品种、规格及预算定额的子目划分来分列清单项目。其中片植的按"平方米"计量编列清单子目，但要注意定额的片植适用于种植密度大于6株/m^2，且种植面积在5 m^2以上的项目3排以上的绿篱可以按片植来考虑。

栽植灌木以"平方米"计量，清单的计算规则是按设计尺寸以绿化水平投影面积计算，如遇斜坡、造型等地面的绿化时，要注意与实际工程量的不同。

（6）编制清单有两个及以上的计量单位时，建议选择与预算定额一致的计量单位。

三、综合案例

[例4-1] 已知杭州新建某单独绿化工程，土方为三类土，种植苗木见表4-1，苗木带土球种植，种植后乔木采用树棍桩三脚支撑，树棍长1.2 m，草绳绕树干（按2 m/株计），养护期两年。编制绿化工程工程量清单表。

表4-1 种植苗木

种类	高度 H/cm	胸径 φ/cm	冠幅 P/蓬径 W/cm	数量或面积	备注
鹅掌楸	500	10	300	4株	全冠
红花檵木球	100	—	180	9株	树形饱满，无病虫害
凌霄	—	2	—	6株	3株/m^2，三年生，植株健壮，无病虫害
小叶栀子	40	—	35	24 m^2	16株/m^2，植株健壮，无病虫害
百慕大草皮	—	—	—	32 m^2	满铺，无病虫害

解:按照《园林绿化工程工程量计算规范》(GB 50858—2013)和表4-1,编制出分部分项工程量清单与计价表,见表4-2,施工技术措施项目清单与计价表,见表4-3。

表4-2 分部分项工程量清单与计价表

专业工程名称: 标段:

序号	项目编码	项目名称	项目特征	计量单位	工程量	金额/元					备注
						综合单价	合价	其中			
								人工费	机械费	管理费	
	0501	绿化工程									
1	050102001001	栽植乔木	鹅掌楸:高度500 cm,胸径10 cm,冠幅300 cm,全冠,养护两年	株	4						
2	050102002001	栽植灌木	红花檵木球:冠丛高100 cm,蓬径180 cm,树形饱满,无病虫害,养护两年	株	9						
3	050102006001	栽植攀缘植物	凌霄:干径和地径2 cm,三年生,3株/m²,植株健壮,无病虫害,养护两年	株	6						
4	050102007001	栽植色带	小叶栀子:蓬径35 cm,高度40 cm,16株/m²,植株健壮,无病虫害,养护两年	m²	24						
5	050102012001	铺种草皮	百慕大草皮,满铺,无病虫害,养护两年	m²	32						
合计											

表4-3 施工技术措施项目清单与计价表

专业工程名称: 标段:

序号	项目编码	项目名称	项目特征	计量单位	工程量	金额/元					备注
						综合单价	合价	其中			
								人工费	机械费	管理费	
	0504	措施项目									

续表

序号	项目编码	项目名称	项目特征	计量单位	工程量	综合单价	合价	人工费	机械费	管理费	备注
						金额/元		其中			
1	050403001001	树棍桩支撑	树木三脚支撑,树棍长 1.2 m,单株支撑 3 根	株	4						
2	050403002001	草绳绕树干	乔木胸径 10 cm,草绳绕树干 2 m 高	株	4						
合计											

[例 4-2]　已知杭州市区新建某单独绿化工程,土方为三类土,种植苗木清单见表 4-2,措施项目清单见表 4-3,苗木要求带土球种植,种植后乔木采用树棍桩三脚支撑,树棍长 1.2 m,乔木草绳绕树干 2 m/株,养护期两年[参考《浙江省园林绿化及仿古建筑工程预算定额》(2018 版)、《浙江省建设工程计价规则》(2018 版),不计行车、行人干扰增加费和提前竣工增加费。管理费和利润按照中值记取,风险不计]。苗木价格为到场价,见表 4-4。计算该绿化工程的分部分项清单的综合单价及最高投标限价。

表 4-4　苗　木　价　格

苗木	到场单价	苗木	到场单价
鹅掌楸	480 元/株	百慕大草皮	4 元/m²
红花檵木球	90 元/株	凌霄	2 元/株
小叶栀子	2 元/株		

解:1. 清单的定额组价——以鹅掌楸为例

(1) 栽植乔木——鹅掌楸清单组价。

单独绿化工程取中值管理费率 17.89%、利润率 13.21%。

① 栽植乔木:胸径 ϕ10 cm,三类土,套用定额 1-109,人工费×1.34。

换算人工费 = 636×1.34 = 852.24(元/10 株)

材料费 = 12.81(元/10 株)

机械费 = 131.20(元/10 株)

管理费 = (852.24+131.2)×17.89% = 175.94(元/10 株)

利润 = (852.24+131.2)×13.21% = 129.91(元/10 株)

② 养护:落叶乔木胸径 ϕ10 cm,养护两年,套用定额 1-256,基价×1.7。

换算人工费 = 267.88×1.7 = 455.39(元/10 株)

换算材料费 = 24.45×1.7 = 41.57(元/10 株)

换算机械费 = 48.46×1.7 = 82.39(元/10 株)

管理费 = (455.39+82.39)×17.89% = 96.21(元/10 株)

利润 = (455.39+82.39)×13.21% = 71.04(元/10 株)

③ 主材:鹅掌楸高度 H500 cm,胸径 ϕ10 cm,冠幅 P300 cm。

工程量计入损耗 1%,工程量 = 4×1.01 = 4.04(株)

材料费 = 480(元/株)

(2)计算栽植乔木——鹅掌楸综合单价。

人工费 = (852.24×0.4+455.39×0.4)÷4 = 130.76(元/株)

材料费 = (12.81×0.4+41.57×0.4+480×4.04)÷4 = 490.24(元/株)

机械费 = (131.20×0.4+82.39×0.4)÷4 = 21.36(元/株)

管理费 = (130.76+21.36)×17.89% = 27.22(元/株)

利润 = (130.76+21.36)×13.21% = 20.10(元/株)

综合单价 = 130.76+490.24+21.36+27.22+20.10 = 689.68(元/株)

2. 编制工程量清单综合单价计算表

分部分项工程量清单与计价表见表 4-5;施工技术措施项目清单与计价表见表 4-6,分部分项工程综合单价计算表见表 4-7;施工技术措施综合单价计算表见表 4-8。

表 4-5　分部分项工程量清单与计价表

专业工程名称:　　　　　　　　　　　　　　　　　　　　　　　　标段:

序号	项目编码	项目名称	项目特征	计量单位	工程量	金额/元					备注
						综合单价	合价	其中			
								人工费	机械费	管理费	
	0501	绿化工程					6 343	1 480	342	326	
1	050102001001	栽植乔木	鹅掌楸:高度 H500 cm,胸径 ϕ10 cm,冠幅 P300 cm,全冠,养护两年	株	4	689.68	2 759	523.04	85.44	108.88	
2	050102002001	栽植灌木	红花檵木球:冠丛高 100 cm,蓬径 180 cm,树形饱满,无病虫害,养护两年	株	9	138.63	1 248	216.63	56.43	48.87	
3	050102006001	栽植攀缘植物	凌霄:干径和地径 2 cm,三年生,3 株/m² ,植株健壮,无病虫害,养护两年	株	6	17.76	107	34.56	24.96	10.68	
4	050102007001	栽植色带	小叶栀子:蓬径 35 cm,高度 40 cm,16 株/m² ,植株健壮,无病虫害,养护两年	m²	24	58.83	1 412	286.32	104.88	70.08	

续表

序号	项目编码	项目名称	项目特征	计量单位	工程量	综合单价	合价	人工费	机械费	管理费	备注
							金额/元		其中		
5	050102012001	铺种草皮	百慕大草皮，满铺，无病虫害，养护两年	m²	32	25.56	818	419.52	70.08	87.68	
合计							6 343	1 480	342	326	

表 4-6　施工技术措施项目清单与计价表

专业工程名称：　　　　　　　　　　　　　　　　　　　　标段：

序号	项目编码	项目名称	项目特征	计量单位	工程量	综合单价	合价	人工费	机械费	管理费	备注
							金额/元		其中		
	0504	措施项目					113.36	28.56		5.12	
1	050403001001	树棍桩支撑	树木三脚支撑，树棍长 1.2 m，单株支撑 3 根	株	4	20.30	81.20	12.24		2.20	
2	050403002001	草绳绕树干	乔木胸径10 cm，草绳绕树干 2 m 高	株	4	8.04	32.16	16.32		2.92	
合计							113	29		5	

表 4-7　分部分项工程综合单价计算表

单位及专业工程名称：

序号	项目编码（定额编码）	清单（定额）项目名称	计量单位	数量	人工费	材料费	机械费	管理费	利润	小计	合计/元
							综合单价/元				
	0501	绿化工程									
1	050102001001	栽植乔木：鹅掌楸，高度 $H500$ cm，胸径 $\phi10$ cm，冠幅 $P300$ cm，全冠，养护两年	株	4	130.76	490.24	21.36	27.22	20.10	689.68	2 759

续表

序号	项目编码（定额编码）	清单（定额）项目名称	计量单位	数量	人工费	材料费	机械费	管理费	利润	小计	合计/元
					综合单价/元						
	1-109 换	栽植乔木（带土球）胸径 11 cm 以内,三类土	10株	0.4	852.24	12.81	131.20	175.94	129.91	1 302.10	521
	1-256 换	落叶乔木胸径 10 cm 以内	10株	0.4	455.39	41.57	82.39	96.21	71.04	746.60	299
	主材	鹅掌楸,高度 H500 cm,胸径 φ10 cm,冠幅 P300 cm	株	4.04		480.00				480.00	1 939
2	050102002001	栽植灌木:红花檵木球,冠丛高100 cm,蓬径180 cm,树形饱满,无病虫害,养护两年	株	9	24.07	98.85	6.27	5.43	4.01	138.63	1 248
	1-144 换	栽植灌木、藤本（带土球）土球直径 40 cm 以内,三类土	10株	0.9	68.34	2.14		12.23	9.03	91.74	83
	1-307 换	球形植物蓬径 150 cm 以内	10株	0.9	172.34	41.31	62.70	42.05	31.05	349.45	315
	主材	红花檵木球冠丛高100 cm,蓬径120 cm	株	9.45		90.00				90.00	851
3	050102006001	栽植攀缘植物:凌霄,干径和地径 2 cm,三年生,3 株/m²,植株健壮,无病虫害,养护两年	株	6	5.76	4.75	4.16	1.78	1.31	17.76	107

序号	项目编码（定额编码）	清单（定额）项目名称	计量单位	数量	综合单价/元						合计/元
					人工费	材料费	机械费	管理费	利润	小计	
	1-142 换	栽植灌木、藤本（带土球）土球直径 20 cm 以内，三类土	10 株	0.6	22.78	1.07		4.08	3.01	30.94	19
	1-314 换	攀缘植物生长年数 3 年内	10 株	0.6	34.85	25.45	41.56	13.67	10.09	125.62	75
	主材	干径和地径 2 cm，三年生，3 株/m²	株	6.3		2.00				2.00	13
4	050102007001	栽植色带：小叶栀子，蓬径 35 cm，高度 40 cm，16 株/m²，植株健壮，无病虫害，养护两年	m²	24	11.93	37.46	4.37	2.92	2.15	58.83	1 412
	1-161 换	灌木、藤本片植（苗高 50 cm 以内）种植密度 16 株/m² 以内，三类土	10 m²	2.4	56.62	2.35		10.13	7.48	76.58	184
	1-288 换	片植灌木	10 m²	2.4	62.69	36.23	43.74	19.04	14.06	175.76	422
	主材	小叶栀子，蓬径 35 cm，高度 40 cm，16 株/m²	m²	25.2		32.00				32.00	806
5	050102012001	铺种草皮：百慕大草皮，满铺，无病虫害，养护两年	m²	32	13.11	5.50	2.19	2.74	2.02	25.56	818
	1-215 换	栽植草皮满铺，三类土	100 m²	0.32	758.44	21.35		135.68	100.19	101 5.66	325

续表

序号	项目编码（定额编码）	清单（定额）项目名称	计量单位	数量	综合单价/元						合计/元
					人工费	材料费	机械费	管理费	利润	小计	
	1-319换	暖地型草坪满铺	10 m²	3.2	55.25	10.86	21.87	13.80	10.19	111.97	358
	主材	百慕大满铺	m²	33.6		4.00				4.00	134
合计											6 343

表 4-8　施工技术措施项目综合单价计算表

单位及专业工程名称：　　　　　　　　　　　　　　　　　　标段：

清单序号	项目编码（定额编码）	清单（定额）项目名称	计量单位	数量	综合单价（元）						合计/元
					人工费	材料费	机械费	管理费	利润	小计	
	0504	措施项目									
1	050403001001	树棍桩支撑：树木三脚支撑，树棍长1.2 m，单株支撑3根	株	4	3.06	16.28		0.55	0.41	20.30	81
	1-333	树棍支撑三脚桩	10 株	0.4	30.63	162.79		5.48	4.05	202.95	81
2	050403002001	草绳绕树干：乔木胸径10 cm，草绳绕树干2 m高	株	4	4.08	2.69		0.73	0.54	8.04	32
	1-342	草绳绕树杆胸径10 cm以内	10 m	0.8	20.38	13.44		3.65	2.69	40.16	32
合计											113

3. 编制最高投标限价

组织措施项目清单与计价表见表 4-9、专业工程招标控制价计算表见表 4-10。

表 4-9　组织措施项目清单与计价表

单位工程及专业工程名称：

序号	项目名称	计算基础	费率/%	金额/元
1	安全文明施工费	定额人工费+定额机械费	4.487	83.03
2	提前竣工增加费	定额人工费+定额机械费		
3	二次搬运费	定额人工费+定额机械费	0.13	2.41

续表

序号	项目名称	计算基础	费率/%	金额/元
4	冬雨季施工增加费	定额人工费+定额机械费	0.15	2.78
5	行车、行人干扰增加费	定额人工费+定额机械费		
	合计			88.22

注:单独绿化工程,安全文明施工基本费的费率乘以系数0.7。

表 4-10　专业工程招标控制价计算表

单位工程及专业工程名称:

序号	费用名称	计算公式	金额/元
1	分部分项工程量清单		6 342.79
2	措施项目清单		201.58
2.1	组织措施项目清单		88.22
2.2	技术措施项目清单		113.36
3	其他项目清单		
4	规费		566.41
5	税金		639.97
	合计 = 1+2+3+4+5		7 750.75

[例 4-3]　杭州××北路整治工程——道路景观绿化工程,种植苗木见表 4-11,编制本项目绿化工程工程量清单与计价表,以及综合单价计算表。其中:种植土按 48元/m³ 计入。其他单价见表 4-11(设管理费率为 18.51%,利润率为 11.07%)。

表 4-11　种 植 苗 木

序号	名称	规格/cm			单位	数量	景观特征	分支要求	备注	单价
		胸径	株高	冠幅						
上层										
1	大香樟	25	550 ~ 600	450	株	4	常绿,树形优美	2.8 ~ 3.5 m 分支,四级及以上分支	全冠,形状优	2 385元/株
2	银杏	16	650 以上	300 ~ 350	株	145	秋叶金黄	3.0 ~ 3.5 m 分支,三级及三级以上分支	全冠,形状优,直生苗	596元/株
3	金桂		250 ~ 300	250	株	97			全冠,形状优,直生苗	367元/株

续表

序号	名称	规格/cm			单位	数量	景观特征	分支要求	备注	单价
		胸径	株高	冠幅						
4	日本红枫	D8	220	200	株	5	叶片红色	0.8~1.2 m分支,三级及三级以上分支	全冠,形状优,枝条修剪少	450元/株
5	美人茶		100~120	120~160	株	72	常绿树形优美		全冠,形状优,主干挺直	170元/株
6	造型五针松	D7	250	150~200	株	1	造型优美		全冠,形状优,枝条修剪少	800元/株
下层										
7	无刺枸骨球		120	120	株	46	常绿		形状优,球形丰满,独本,低杆	124元/株
8	红花檵木球A		120	120	株	100	叶片紫红		形状优,球形丰满,独本,低杆	119元/株
9	红花檵木球B		150	150	株	113	叶片紫红		形状优,球形丰满,独本,低杆	257元/株
10	海桐球		150	150	株	421	常绿		形状优,球形丰满,独本,低杆	229元/m²
11	金森女贞		40	30	m²	1 260			36株/m²	62.64元/m²
12	红叶石楠		45	30	m²	2 650			36株/m²	54.36元/m²
13	八角金盘		50	50	m²	132			16株/m²	64元/m²
14	珊瑚冬青		80		m²	150			25株/m²	25元/m²
15	金边阔叶麦冬				m²	456			36丛/m²,每丛4~5芽,	40.5元/m²
16	马尼拉				m²	4 700			满铺	11.47元/m²

解:1. 编制绿化工程工程量清单

土方工程工程量计算用 Auto CAD 软件读取面积,具体参见教学视频绿化土方清单与计价。上层苗木和下层苗木工程量清单依据苗木表 4-11 和《园林绿化工程工程量计算规范(GB 50858—2013),编制分部分项工程量清单见表 4-12,技术措施清单见表 4-13。

表 4-12　分部分项工程量清单与计价表

单位工程及专业工程名称:园林-绿化工程

序号	项目编码	项目名称	项目特征	计量单位	工程量	综合单价/元	合价/元	其中/元			备注
								人工费	机械费	管理费	
		绿地土方工程									
1	050101009001	种植土回(换)填	黄土:营养土 = 4:1,回填厚度暂按 50 cm,取土运距自行考虑	m³	5 945						
2	050101010001	整理绿化用地	绿地平整,清理,找平找坡	m²	11 890						
3	050101011001	绿地起坡造型	种植土起坡,坡度满足泄水坡度需要,取土运距自行考虑	m³	5 945						
		上层乔木									
4	050102001001	栽植乔木	大香樟:胸径 25 cm,株高 550 ~ 600 cm,冠幅 450 cm,常绿,树型优美,2.8 ~ 3.5 m 分枝,四级及四级以上分枝,全冠形状优,养护期两年	株	4						
5	050102001002	栽植乔木	银杏:胸径 16 cm,株高 650 cm 以上,冠幅 300 ~ 350 cm,秋叶金黄,3.0 ~ 3.5 m 分枝,三级及三级以上分枝,全冠,形状优,直生苗,养护期两年	株	145						

续表

序号	项目编码	项目名称	项目特征	计量单位	工程量	综合单价/元	合价/元	其中/元			备注
								人工费	机械费	管理费	
6	050102002001	栽植灌木	金桂:株高 250 ~ 300 cm,冠幅 250 cm,全冠,形状优,直生苗,养护期两年	株	97						
7	050102001003	栽植乔木	日本红枫:地径 8 cm,株高 220 cm 以上,冠幅 200 cm,叶色常年红色或紫红色,0.8 ~ 1.2 m 分枝,三级及三级以上分枝,全冠,形状优,枝条修剪少,养护期两年	株	5						
8	050102002002	栽植灌木	美人茶:株高100 ~ 120 cm,冠幅 120 ~ 160 cm,常绿,树型优美,全冠,形状优,主干挺直,养护期两年	株	72						
9	050102001004	栽植乔木	造型五针松:地径 7 cm,株高 250 cm,冠幅 150 ~ 200 cm,造型优美,全冠,形状优,枝条修剪少,养护期两年	株	1						
		下层灌木									
10	050102002003	栽植灌木	无刺枸骨球:株高 120 cm,冠幅 120 cm,常绿,形状优,球形丰满,独本,低杆,养护期两年	株	46						
11	050102002004	栽植灌木	红花继木球 A:株高 120 cm,冠幅 120 cm,叶终年紫红色,形状优,球形丰满,独本,低杆,养护期两年	株	100						

微课
灌木清单(1)

微课
灌木清单(2)

微课
地被花卉草坪清单
编制

序号	项目编码	项目名称	项目特征	计量单位	工程量	综合单价/元	合价/元	其中/元			备注
								人工费	机械费	管理费	
12	050102002005	栽植灌木	红花继木球 B:株高 150 cm,冠幅 150 cm,叶终年紫红色,形状优,球形丰满,独本,低杆,养护期两年	株	116						
13	050102002006	栽植灌木	海桐球:株高 150 cm,冠幅 150 cm,叶终年绿色,形状优,球形丰满,独本,低杆,养护期两年	株	421						
		色带地被类									
14	050102007001	栽植色带	金森女贞:$H40$,$P30$,36 株/m²,养护期两年	m²	126 0.00						
15	050102007002	栽植色带	红叶石楠:$H45$,$P30$,36 株/m²,养护期两年	m²	2 650.00						
16	050102007003	栽植色带	八角金盘:$H50$,$P50$,16 株/m²,养护期两年	m²	132.00						
17	050102007004	栽植色带	珊瑚冬青:$H80$,25 株/m²,养护期两年	m²	150.00						
18	050102008001	栽植花卉	金边阔叶麦冬:每丛 4~5 芽,36 丛/m²,养护期两年	m²	456.00						

续表

序号	项目编码	项目名称	项目特征	计量单位	工程量	综合单价/元	合价/元	人工费	机械费	管理费	备注
								其中/元			
19	050102012001	铺种草皮	草坪:马尼拉满铺,养护期两年	m²	4 700.00						

表 4-13　施工技术措施项目清单与计价表

单位工程及专业工程名称:园林景观工程-绿化工程

序号	项目编码	项目名称	项目特征	计量单位	工程量	综合单价/元	合价/元	人工费	机械费	管理费	备注
								其中/元			
	0504	措施项目									
1	050403001001	树木支撑架	树棍四角桩支撑	株	4						
2	050403001002	树木支撑架	树棍三角桩支撑	株	151						
3	050403002001	草绳绕树干	草绳绕杆,高度1.5 m,胸径25 cm以内	株	4						
4	050403002002	草绳绕树干	草绳绕杆,高度1.5 m,胸径20 cm以内	株	145						
5	050403002003	草绳绕树干	草绳绕杆,高度1.0 m,胸径10 cm以内	株	6						
			合计								

2. 编制分部分项综合单价计算表

分部分项工程量清单与计价表见表 4-14,施工技术措施项目清单与计价表见表 4-15,分部分项综合单价计算表见表 4-16,技术措施综合单价计算表见表 4-17。

3. 工料机分析表

以大香樟为例,编制工料机分析表,见表 4-18。

说明:1. 本项目未考虑《关于增值税调整后我省建设工程计价依据增值税税率及有关计价调整的通知》(浙建建发〔2019〕92 号)的定额基价部分人材机乘以调价系数1.02,如遇实际工作,需要参考调价文件进行调价。

2. 微课中涉及的相关内容按照实际工程考虑调价。

表4-14　分部分项工程量清单与计价表

单位工程及专业工程名称：园林景观工程-绿化工程

序号	项目编码	项目名称	项目特征	计量单位	工程量	综合单价/元	合价/元	人工费	机械费	管理费	备注
		绿地土方工程					398 968.95	52 018.75	31 389.60	15 338.1	
1	050101009001	种植土回(换)填	黄土：营养土=4:1,回填厚度暂按50 cm,取土运距自行考虑	m³	5 945	55.55	330 244.75	4 458.75	25 801.30	5 588.3	
2	050101010001	整理绿化用地	绿地平整,清理,找平找坡	m²	11 890	4.92	58 498.80	45 182.00		8 323	
3	050101011001	绿地起坡造型	种植土起坡,坡度满足泄水坡度需要,取土运距自行考虑	m³	5 945	1.72	10 225.40	2 378.00	5 588.30	1 426.8	
		上层乔木					219 971.01	40 180.51	11 370.85	9 527.09	
4	050102001001	栽植乔木	大香樟，胸径25 cm，株高550~600 cm，冠幅450 cm，常绿，树型优美，2.8~3.5 m分枝，四级及四级以上分枝，全冠形状优，养护期两年	株	4	3 398.91	13 595.64	1 212.44	1 062.68	419.52	
5	050102001002	栽植乔木	银杏：胸径16 cm，株高650 cm以上，冠幅300~350 cm，秋叶金黄，3.0~3.5 m分枝，三级及三级以上分枝，全冠，形状优，直生苗，养护期两年	株	145	979.49	142 026.05	33 332.60	8 109.85	7 660.35	
6	050102002001	栽植灌木	金桂：株高250~300 cm，冠幅250 cm，全冠，形状优，直生苗，养护期两年	株	97	479.23	46 485.31	4 490.13	1 991.41	1 196.98	

续表

序号	项目编码	项目名称	项目特征	计量单位	工程量	综合单价/元	合价/元	其中/元 人工费	其中/元 机械费	其中/元 管理费	备注
7	050102001003	栽植乔木	日本红枫：地径 8 cm，株高 220 cm 以上，冠幅 200 cm，叶色常年红色或紫红色，0.8 ~ 1.2 m 分枝，三级及三级以上分枝，全冠，形状优，枝条修剪少，养护期两年	株	5	559.91	2 799.55	347.70	41.40	71.95	
8	050102002002	栽植灌木	美人茶：株高 100 ~ 120 cm，冠幅 120 ~ 160 cm，常绿，树型优美，全冠，形状优，主干挺直，养护期两年	株	72	196.64	14 158.08	732.24	158.40	164.88	
9	050102001004	栽植乔木	造型五针松：地径 7 cm，株高 250 cm，冠幅 150 ~ 200 cm，造型优美，全冠，形状优，枝条修剪少，养护期两年	株	1	906.38	906.38	65.40	7.11	13.41	
		下层灌木					181 271.53	16 717.40	4 302.90	3 886.94	
10	050102002003	栽植灌木	无刺枸骨球：株高 120 cm，冠幅 120 cm，常绿，形状优，球形丰满，独本，低杆，养护期两年	株	46	171.62	7 894.52	1 027.18	289.80	243.34	
11	050102002004	栽植灌木	红花继木球 A：株高 120 cm，冠幅 120 cm，球形优，状优，叶终年紫红色，形状优，球形丰满，独本，低杆，养护期两年	株	100	166.37	16 637.00	2 233.00	630.00	529	

续表

序号	项目编码	项目名称	项目特征	计量单位	工程量	综合单价/元	合价/元	其中/元			备注
								人工费	机械费	管理费	
12	050102002005	栽植灌木	红花继木球 B：株高150 cm，冠幅150 cm，叶终年紫红色，形状优，球形丰满，独本低杆，养护期两年	株	116	314.93	36 531.88	2 906.96	730.80	672.8	
13	050102002006	栽植灌木	海桐球：株高150 cm，冠幅150 cm，叶终年绿色，形状优，球形丰满，独本，低杆，养护期两年	株	421	285.53	120 208.13	10 550.26	2 652.30	2 441.8	
		色带地被类					540 573.24	119 579.48	29 988.64	27 667.62	
14	050102007001	栽植色带	金森女贞：H40，P30，36株/m²，养护期两年	m²	1 260	95.27	120 040.20	19 341.00	5 544.00	4 599	
15	050102007002	栽植色带	红叶石楠：H45，P30，36株/m²，养护期两年	m²	2 650	86.58	229 437.00	40 677.50	11 660.00	9 672.5	
16	050102007003	栽植色带	八角金盘：H50，P50，16株/m²，养护期两年	m²	132	90.36	11 927.52	1 386.00	580.80	363	
17	050102007004	栽植色带	珊瑚冬青：H80，25株/m²，养护期两年	m²	150	62.08	9 312.00	3 037.50	660.00	684	
18	050102008001	栽植花卉	金边阔叶麦冬：每丛4～5芽，36丛/m²，养护期两年	m²	456	56.17	25 613.52	2 544.48	1 203.84	693.12	
19	050102012001	铺种草皮	草坪：马尼拉满铺，养护期两年	m²	4 700	30.69	144 243.00	52 593.00	10 340.00	11 656	
		合计					1 340 784.73	228 496.14	77 051.99	56 419.75	

微课
绿地土方清单
与计价

表 4-15　施工技术措施项目清单与计价表

单位工程及专业工程名称：园林景观工程-绿化工程

| 序号 | 项目编码 | 项目名称 | 项目特征 | 计量单位 | 工程量 | 综合单价/元 | 合价/元 | 其中/元 | | | 备注 |
								人工费	机械费	管理费	
	0504	措施项目					4 949	1 296.83	0.00	240.06	
1	050403001001	树木支撑架	树棍四角桩支撑	株	4	53.74	215	16.32		3.04	
2	050403001002	树木支撑架	树棍三角桩支撑	株	151	20.26	3 059	462.06		86.07	
3	050403002001	草绳绕树干	草绳绕杆，高度 1.5 m，胸径 25 cm 以内	株	4	13.98	56	27.56		5.12	
4	050403002002	草绳绕树干	草绳绕杆，高度 1.5 m，胸径 20 cm 以内	株	145	11.00	1 595	778.65		143.55	
5	050403002003	草绳绕树干	草绳绕杆，高度 1.0 m，胸径 10 cm 以内	株	6	3.99	24	12.24		2.28	
				合计			4 949	1 296.83		240.06	

表 4-16　工程量清单综合单价计算表（分部分项）

单位工程及专业工程名称：园林景观工程-绿化工程

| 序号 | 编号 | 名称 | 计量单位 | 数量 | 综合单价/元 | | | | | | | 合计/元 |
					人工费	材料费	机械费	管理费	利润	风险费用	小计	
		绿地土方工程										
1	050101009001	种植土回（换）填：黄土：营养土=4:1，回填厚度暂按 50 cm，取土运距自行考虑	m³	5 945	0.75	48.96	4.31	0.94	0.56		55.52	330 066

续表

序号	编号	名称	计量单位	数量	综合单价/元						小计	合计/元
					人工费	材料费	机械费	管理费	利润	风险费用		
	1-6	机械回填种植土	m³	5 945	0.75		4.31	0.94	0.56		6.56	38 999
	3229120001	黄土：营养土=4：1	m³	6 063.9		48.00					48.00	291 067
2	050101010001	整理绿化用地：绿地平整，清理，找平找坡	m²	11 890	3.80			0.70	0.42		4.92	58 499
	1-31	绿地细平整	m²	11 890	3.80			0.70	0.42		4.92	58 499
3	050101011001	绿地起坡造型：种植土起坡，坡度满足泄水坡度需要，取土运距自行考虑	m³	5 945	0.40		0.94	0.24	0.14		1.72	10 225
	1-33	绿地起坡造型机械起坡	m²	11 890	0.20		0.47	0.12	0.07		0.86	10 225
		上层乔木										
4	050102001001	栽植乔木：大香樟:胸径25 cm，株高550~600 cm，冠幅450 cm，常绿，树型优美,2.8~3.5 m分枝，四级及四级以上分枝，全冠，形状优，养护剪两年	株	4	303.11	2 662.53	263.53	104.88	62.72		3 396.77	13 587
	1-237	大树栽植（带土球）胸径30 cm以内	株	4	172.63	25.08	254.78	79.11	47.31		578.91	2 316
	1-252 换	常绿乔木胸径30 cm以内	株	4	130.48	6.36	8.75	25.77	15.41		186.77	74

微课 大香樟组价

微课 综合单价

续表

序号	编号	名称	计量单位	数量	综合单价/元						合计/元
					人工费	材料费	机械费	管理费	利润	风险费用	小计	
	3229330001	种植土	m³	18.52		48.00					48.00	889
	主材	大香樟,胸径25 cm,株高550~600 cm,冠幅450 cm,常绿,树型优美,2.8~3.5 m分枝,四级及四级以上分枝,全冠,形状	株	4.04		2 385.00					2 385.00	9 635
5	050102001002	栽植乔木:银杏:胸径16 cm,株高650 cm以上,冠幅300~350 cm,秋叶金黄,3.0~3.5 m分枝,三级及三级以上分枝,直生苗优,形状,养护期两年	株	145	229.88	609.25	55.56	52.83	31.60		979.12	141 972
	1-111	栽植乔木(带土球)胸径17 cm以内	株	145	139.80	2.14	46.37	34.46	20.61		243.38	35 290
	1-257 换	落叶乔木胸径20 cm以内	株	145	90.08	5.15	9.19	18.37	10.99		133.78	19 398
	主材	银杏:胸径16 cm,株高650 cm以上,冠幅300~350 cm,秋叶金黄,3.0~3.5 m分枝,三级及三级以上分枝,全冠,形状优,直生苗	株	146.45		596.00					596.00	87 284

续表

序号	编号	名称	计量单位	数量	综合单价/元							合计/元
					人工费	材料费	机械费	管理费	利润	风险费用	小计	
6	050102002001	栽植灌木:金桂:株高250~300 cm,冠幅250 cm,全冠,形状优,直生苗,养护期两年	株	97	46.29	392.68	20.41	12.34	7.39		479.11	46 474
	1-149	栽植灌木、藤本(带土球)土球直径100 cm以内	株	97	38.43	1.28	13.12	9.54	5.71		68.08	6 604
	1-287换	灌木高度250 cm以上	株	97	7.86	6.05	7.29	2.80	1.68		25.68	2 491
	主材	金桂:株高250~300 cm,冠幅250 cm,全冠,形状优,直生苗	株	101.85		367.00					367.00	37 379
7	050102001003	栽植乔木:日本红枫:地径8 cm,株高220 cm以上,冠幅200 cm,叶色常年红色或紫红色,0.8~1.2 m分枝,三级及三级以上分枝,全冠,形状优,枝条修剪少,养护期两年	株	5	69.54	459.09	8.24	14.39	8.61		559.87	2 799
	1-107	栽植乔木(带土球)胸径7 cm以内	株	5	24.00	0.43		4.44	2.66		31.53	158

续表

序号	编号	名称	计量单位	数量	综合单价/元						小计	合计/元
					人工费	材料费	机械费	管理费	利润	风险费用		
	1-256 换	落叶乔木胸径 10 cm 以内	株	5	45.54	4.16	8.24	9.95	5.95		73.84	369
	主材	日本红枫：地径 8 cm，株高 220 cm 以上，冠幅 200 cm，叶色常年红色或紫红色，0.8～1.2 m 分枝，三级及三级以上分枝，全冠，形状优，枝条修剪少	株	5.05		450.00					450.00	2 273
8	050102002002	栽植灌木：美人茶：株高 100～120 cm，冠幅 120～160 cm，常绿，树型优美，全冠，形状优，主干挺直，养护期两年	株	72	10.17	180.61	2.19	2.29	1.37		196.63	14 157
	1-145	栽植灌木、藤木（带土球）土球直径 50 cm 以内	株	72	7.83	0.32		1.45	0.87		10.47	754
	1-284 换	灌木高度 150 cm 以内	株	72	2.34	1.79	2.19	0.84	0.50		7.66	552
	主材	美人茶：株高 100～120 cm，冠幅 120～160 cm，常绿，树型优美，全冠，形状优，主干挺直	株	75.6		170.00					170.00	12 852

续表

序号	编号	名称	计量单位	数量	人工费	材料费	机械费	管理费	利润	风险费用	小计	合计/元
9	050102001004	栽植乔木：造型五针松：地径7 cm，株高250 cm，冠幅150~200 cm，造型优美，全冠，形状优，枝条修剪少，养护期两年	株	1	65.40	812.43	7.07	13.41	8.03		906.34	906
	1-107	栽植乔木（带土球）胸径7 cm以内	株	1	24.00	0.43		4.44	2.66		31.53	32
	1-250换	常绿乔木胸径10 cm以内	株	1	41.40	4.00	7.07	8.97	5.37		66.81	67
	主材	造型五针松：地径7 cm，株高250 cm，冠幅150~200 cm，造型优美，全冠，形状优，枝条修剪少	株	1.01		800.00					800.00	808
		下层灌木										
10	050102002003	栽植灌木：无刺枸骨球：株高120 cm，冠幅120 cm，常绿，形状优，球形丰满，独本，低杆，养护期两年	株	46	22.33	134.54	6.27	5.29	3.16		171.59	7 893
	1-144	栽植灌木、藤本（带土球）土球直径40 cm以内	株	46	5.10	0.21		0.94	0.56		6.81	313

续表

序号	编号	名称	计量单位	数量	综合单价/元							合计/元
					人工费	材料费	机械费	管理费	利润	风险费用	小计	
	1-307换	球形植物 蓬径 150 cm 以内	株	46	17.23	4.13	6.27	4.35	2.60		34.58	1 591
	主材	无刺枸骨球：株高 120 cm,冠幅120 cm,常绿,形状优,球形丰满,独本,低杆	株	48.3		124.00					124.00	5 989
11	050102002004	栽植灌木：红花继木球A：株高 120 cm,叶终年紫红色,形状优,球形丰满,独本,低杆,养护期两年	株	100	22.33	129.29	6.27	5.29	3.16		166.34	16 634
	1-144	栽植灌木、藤本（带土球）土球直径 40 cm 以内	株	100	5.10	0.21		0.94	0.56		6.81	681
	1-307换	球形植物 蓬径 150 cm 以内	株	100	17.23	4.13	6.27	4.35	2.60		34.58	3 458
	主材	红花继木球A：株高 120 cm,冠幅120 cm,叶终年紫红色,形状优,球形丰满,独本,低杆	株	105		119.00					119.00	12 495

续表

序号	编号	名称	计量单位	数量	综合单价/元							合计/元
					人工费	材料费	机械费	管理费	利润	风险费用	小计	
12	050102002005	栽植灌木：红花继木球 B：株高150 cm，冠幅150 cm，叶终年紫红色，形状优，球形丰满，独本，低杆，养护期两年	株	116	25.06	274.30	6.27	5.80	3.47		314.90	36 528
	1—145	栽植灌木、藤本（带土球）土球直径50 cm以内	株	116	7.83	0.32		1.45	0.87		10.47	1 215
	1—307换	球形植物蓬径150 cm以内	株	116	17.23	4.13	6.27	4.35	2.60		34.58	4 011
	主材	红花继木球 B：株高150 cm，冠幅150 cm，叶终年紫红色，形状优，球形丰满，独本，低杆	株	121.8		257.00					257.00	31 303
13	050102002006	栽植灌木：海桐球：株高150 cm，冠幅150 cm，叶终年绿色，形状优，球形丰满，独本，低杆，养护期两年	株	421	25.06	244.90	6.27	5.80	3.47		285.50	120 196
	1—145	栽植灌木、藤本（带土球）土球直径50 cm以内	株	421	7.83	0.32		1.45	0.87		10.47	4 408

续表

序号	编号	名称	计量单位	数量	综合单价/元							合计/元
					人工费	材料费	机械费	管理费	利润	风险费用	小计	
	1—307换	球形植物蓬径150 cm以内	株	421	17.23	4.13	6.27	4.35	2.60		34.58	14 558
	主材	海桐球:株高150 cm,冠幅150 cm,叶终年绿色,形状优,球形丰满,独本,低杆	株	442.05		229.00					229.00	101 229
		色带地被类										
14	050102007001	栽植色带色带:金森女贞:H40,P30,36株/m²,养护期两年	m²	1 260	15.35	69.67	4.37	3.65	2.19		95.23	119 990
	1—163	灌木、藤本片植(苗高50 cm以内)种植密度36株/m²以内	m²	1 260	9.08	0.28		1.68	1.01		12.05	15 183
	1—288换	片植灌木	m²	1 260	6.27	3.62	4.37	1.97	1.18		17.41	21 937
	主材	金森女贞:H40,P30,36株/m²	m²	1 323		62.64					62.64	82 873
15	050102007002	栽植色带:红叶石楠:H45,P30,36株/m²,养护期两年	m²	2 650	15.35	60.98	4.37	3.65	2.19		86.54	229 331
	1—163	灌木、藤本片植(苗高50 cm以内)种植密度36株/m²以内	m²	2 650	9.08	0.28		1.68	1.01		12.05	31 933

续表

序号	编号	名称	计量单位	数量	综合单价/元							合计/元
					人工费	材料费	机械费	管理费	利润	风险费用	小计	
	1-288换	片植灌木	m²	2 650	6.27	3.62	4.37	1.97	1.18		17.41	46 137
	主材	红叶石楠：H45，P30,36株/m²	m²	2 782.5		54.36					54.36	151 257
16	05010200 7003	栽植色带：八角金盘：H50，P50,16株/m²，养护期两年	m²	132	10.50	71.05	4.37	2.75	1.65		90.32	11 922
	1-161	灌木、藤本片植（苗高50 cm以内）种植密度16株/m²以内	m²	132	4.23	0.23		0.78	0.47		5.71	754
	1-288换	片植灌木	m²	132	6.27	3.62	4.37	1.97	1.18		17.41	2 298
	主材	八角金盘：H50，P50,16株/m²	m²	138.6		64.00					64.00	8 870
17	05010200 7004	栽植色带：珊瑚冬青：H80,25株/m²，养护期两年	m²	150	20.25	30.13	4.37	4.56	2.73		62.04	9 306
	1-167	灌木片植（苗高50~100 cm以内）种植密度25株/m²以内	m²	150	13.98	0.26		2.59	1.55		18.38	2 757
	1-288换	片植灌木	m²	150	6.27	3.62	4.37	1.97	1.18		17.41	2 612
	主材	珊瑚冬青：H80,25株/m²	m²	157.5		25.00					25.00	3 938

续表

序号	编号	名称	计量单位	数量	综合单价/元							合计/元
					人工费	材料费	机械费	管理费	利润	风险费用	小计	
18	050102008001	栽植花卉：金边阔叶麦冬：每丛4~5芽,36丛/m²,养护期两年	m²	456	5.58	45.52	2.62	1.52	0.91		56.15	25 604
	1-189	地被植物片植 36 丛(株)/m²以内	m²	456	4.54	0.28		0.84	0.50		6.16	2 809
	1-316 换	地被植物	m²	456	1.04	2.71	2.62	0.68	0.41		7.46	3 402
	主材	金边阔叶麦冬：每丛4~5芽,36丛/m²	m²	478.8		40.50					40.50	19 391
19	050102012001	铺种草皮：草坪：马尼拉满铺,养护期两年	m²	4 700	11.19	13.34	2.19	2.48	1.48		30.68	144 196
	1-215	栽植草皮满铺	m²	4 700	5.66	0.21		1.05	0.63		7.55	35 485
	1-319 换	暖地型草坪满铺	m²	4 700	5.53	1.09	2.19	1.43	0.85		11.09	52 123
	主材	马尼拉满铺	m²	4 935		11.47					11.47	56 604
		合计										1 340 287

表4-17　工程量清单综合单价计算表（技术措施）

单位工程及专业工程名称：园林景观工程-绿化工程

序号	编号	名称	计量单位	数量	综合单价/元							合计/元
					人工费	材料费	机械费	管理费	利润	风险费用	小计	
	0504	措施项目										
1	050403001001	树木支撑架 树棍四角桩支撑	株	4	4.08	48.45		0.76	0.45		53.74	215
	1-334	树棍支撑四脚桩	株	4	4.08	48.45		0.76	0.45		53.74	215
2	050403001002	树木支撑架 树棍三角桩支撑	株	151	3.06	16.29		0.57	0.34		20.26	3 059
	1-333	树棍支撑三脚桩	株	151	3.06	16.29		0.57	0.34		20.26	3 059
3	050403002001	草绳绕树干	株	4	6.89	5.04		1.28	0.77		13.98	56
	1-345	草绳绕树杆，高度1.5 m，胸径25 cm以内	m	6	4.59	3.36		0.85	0.51		9.31	56
4	050403002002	草绳绕树干	株	145	5.37	4.04		0.99	0.60		11.00	1 595
	1-344	草绳绕树杆胸径20 cm以内，高度1.5 m	m	217.5	3.58	2.69		0.66	0.40		7.33	1 594
5	050403002003	草绳绕树干	株	6	2.04	1.34		0.38	0.23		3.99	24
	1-342	草绳绕树杆胸径10 cm以内，高度1.0 m	m	6	2.04	1.34		0.38	0.23		3.99	24
合计												4 949

表 4-18　工程量清单综合单价工料机分析表

微课
工料机分析

单位工程及专业工程名称:园林景观工程-绿化工程

项目编号	050102001001		项目名称	栽植乔木	计量单位	株
清单综合单价组成明细						
序号	名称及规格		单位	数量	金额/元	
					单价	合价
1	人工	一类人工	工日	2.424 8	125.00	303.10
	人工费小计					303.10
2	材料	水	m³	1.538 6	4.27	6.57
		种植土	m³	4.630 0	48.00	222.24
		其他材料费	元	0.272 0	1.02	0.28
		大香樟:胸径 25 cm,株高 550~600 cm,冠幅 450 cm,常绿,树型优美,2.8~3.5 m 分枝,四级及四级以上分枝,全冠,形状	株	1.010 0	2 385.00	2 408.85
		肥料	kg	1.360 0	0.25	0.34
		橡胶管	m	1.500 0	5.14	7.71
		镀锌铁丝 8#	kg	2.000 0	6.55	13.10
		药剂	kg	0.133 3	25.86	3.45
	材料小计					2 662.53
3	机械	洒水车 4 000 L	台班	0.020 4	431.04	8.79
		载货汽车 15 t	台班	0.240 0	657.62	157.83
		汽车式起重机 20 t	台班	0.104 0	952.39	99.05
	机械费小计					265.67
4	直接工程费(1+2+3)					3 231.31
5	管理费					104.88
6	利润					62.72
7	风险费用					
8	养护费					0.00
9	综合单价(4+5+6+7+8)					3 398.91

思考题

　　杭州某公园园林单独绿化工程,苗木数量及施工要求见表 4-19,总绿地面积 176 m²,苗木种植后养护两年。不考虑种植土填土,试计算绿化工程的综合单价。(管理费率 17.89%,利润率 13.21%)

表 4-19　苗　木　表

序号	苗木名称及施工要求	规格			单位	数量	苗木单价
		胸径/mm	高度/mm	冠幅/mm			
1	杜英(带土球)用长 2 200 cm、直径 80 cm 的防腐树棍桩四脚支撑,树棍桩 8 元/m。草绳卷杆高度 1.5 m	250	7 500	4 500	株	3	3 500 元/株
2	杜鹃(密度为 30 株/m²)		300	250	m²	70.5	1.6 元/株
3	百慕大草皮				m²	105	4.8 元/株

项目五

园路工程

学习目标

了解园路工程相关基础知识,掌握园路工程清单计价规则,掌握园路工程预算定额工程量的计算与计价规则,掌握园路工程工程量清单与计价表的编制。

重点难点

编制园路工程工程量清单,计算园路工程的综合单价,编制工程量清单与计价表。

能力目标

能根据园路施工图编制园路工程工程量清单与计价表,能够熟练地进行园路工程的清单计价。

任务一　园路工程基础知识

园路是游览者可以直接感受的重要界面,因此需要对园路路面进行装饰和美化,以创造更优美的游览环境。铺地景观是构成园林景观整体形象的有机组成部分。园路优美的曲线,丰富多彩的路面铺装,可与周围的山、水、建筑、花草、树木、石景等景物紧密结合,不仅是"因景设路",而且是"因路得景"。所以,园路可行、可游,行游统一。

微课
园路基础知识

一、园路的类型

园路因其性质、横断面形式、构筑材料的不同可进行以下分类:

(1)按性质分类,可分为主干道、次干道和游步道。

（2）按横断面形式分类。

① 路堑型（也称街道式）：立道牙位于道路边缘，路面低于两侧地面，利用道路排水，如图 5-1 所示。

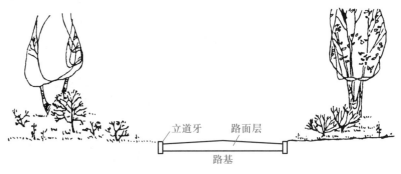

图 5-1　路堑型园路

② 路堤型（也称公路式）：平道牙位于道路靠近边缘处，路面高于两侧地面（明沟），利用明沟排水，如图 5-2 所示。

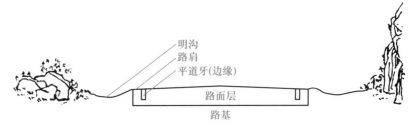

图 5-2　路堤型园路

③ 特殊型：包括步石、汀步、蹬道、攀梯，如图 5-3 所示。

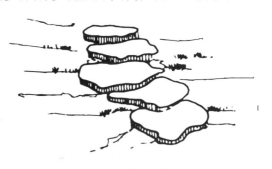

图 5-3　特殊型园路

（3）按照构筑材料分类，可分为石质路面、混凝土路面、卵石路面、砖铺路面、蹬道步石和特殊功能的路面。

二、路面层的结构

园路一般由面层、结合层、基层、路基和附属工程等部分组成。

1. 典型的路面层结构图式

路面层的结构组合形式是多种多样的,但园路路面层的结构比城市道路简单,典型的路面层结构图式如图5-4所示。

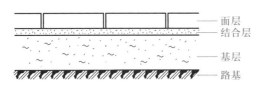

图5-4　路面层结构图式

2. 路面层的作用

(1)面层:它是路面最上面的一层,直接承受人流、车辆和大气因素(如烈日、严冬、风、雨、雪等)的破坏。

(2)结合层:在采用块料铺筑面层时,在面层和基层之间,为了结合和找平而设置的一层。一般用3~5 cm的粗砂、水泥砂浆或白灰砂浆即可。

(3)基层:一般在路基之上,起承重作用。一方面支承由面层传下来的荷载,另一方面把此荷载传给路基。基层不直接受车辆和气候因素的作用,对材料的要求比面层低。一般用碎(砾)石、灰土或各种工业废渣等筑成。

(4)垫层:在路基排水不良或有冻胀、翻浆的路段上,为了排水、隔温、防冻应设置垫层,园路中可不设。

(5)路基:它是路面的基础,不仅为路面提供一个平整的基面,承受路面传下来的荷载,也是保证路面强度和稳定性的重要条件之一。

3. 附属工程

(1)道牙:一般分为立道牙和平道牙两种形式,其构造如图5-5所示。它们安置在路面两侧,对路面与路肩在高程上起衔接作用,并能保护路面,便于排水。常见的有预制混凝土道牙和石材道牙等。

(a) 立道牙　　　　　　　　　　　　　　　(b) 平道牙

图5-5　立道牙与平道牙

(2)种植池:在路边或广场上栽种植物,一般留种植池,种植池的大小应由所栽植物的要求而定,在栽种高大乔木的种植池上应设保护栅,常见的有树穴盖板(图5-6)和树池围牙(图5-7)。

(3)明沟和雨水井:明沟和雨水井是为收集路面雨水而建的构筑物,如图5-8所示。

三、园路铺装实例

路面的铺装应符合生态环保的要求,根据路面铺装材料、结构的特点,常用的铺装形式可分为花街铺地、卵石路面、雕砖卵石路面、嵌草路面、块料路面、砖路面、整体路面、步石、汀步、蹬道等。

微课
园路铺装

1. 花街铺地

花街铺地是以砖瓦为骨,以石填心的做法,源于我国传统古典园林的江南园林中,指的是以两种以上的卵石、青石板、黄石、碎瓷片等碎料拼合而成的路面。它精美的视觉景观和独特的意境含蕴丰富着古典园林的内涵。"各式方圆,随宜铺砌,磨归瓦作,杂用钩儿"是《园冶》中对花街铺地利用碎料进行用工分工讲究的描述,保证简单用材的碎料铺地,经无数人踩踏仍基本完好便说明了花街铺地的精细工艺,如图5-9~图5-11所示。

图 5-6　树穴盖板

图 5-7　树池围牙

(a) 明沟

(b) 雨水井

图 5-8　明沟和雨水井

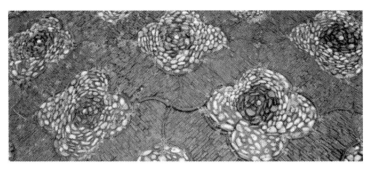

图 5-9　海棠纹铺地

图 5-10　盘长纹铺地

图 5-11　拙政园寿字花街

2. 卵石路面

采用卵石铺成各种图案,如杭州花港观鱼在牡丹亭南侧的坡地"梅影路"(图 5-12),白色卵石为底,黑色卵石为绘,组成一幅古朴的梅树造型图案。苏州留园在东部庭院中的一块地面上,铺成仙鹤的图案,如图 5-13 所示。

卵石路面耐磨性好、防滑,富有江南园路的传统特点,扬州平远楼局部铺地如图 5-14 所示。

图 5-12　杭州梅影路　　　　　　　　　　　图 5-13　苏州留园

3. 雕砖卵石路面

雕砖卵石路面又称"石子画"，它是选用精雕的砖、细磨的瓦和经过严格挑选的各色卵石拼凑成的路面，图案内容丰富，如三国故事、传统的民间图案、四季盆景、花鸟鱼虫等，成为我国园林艺术的杰作之一，如图 5-15 所示。现在的北海公园只做了预制混凝土卵石嵌花路，有较好的装饰作用，如图 5-16 所示。

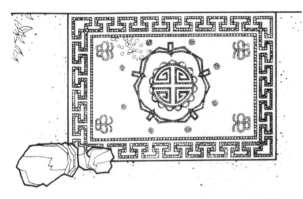

图 5-14　扬州平远楼局部铺地

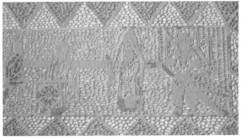

图 5-15　御花园的石子画

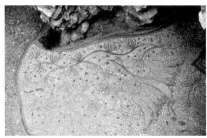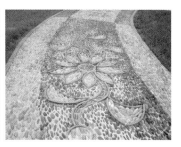

图 5-16　预制混凝土卵石嵌花路

4. 嵌草路面

嵌草路面是把天然石块或各种形状的预制水泥混凝土块,铺成冰裂纹或其他花纹,铺筑时在块料之间留 3～5 cm 的缝隙,填入培养土,然后种草。常见的有冰裂纹嵌草路、花岗岩石板嵌草路、木纹水泥混凝土嵌草路、梅花形水泥混凝土嵌草路等。还有一种植草砖路面,如图 5-17 所示。

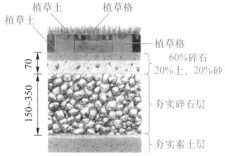

图 5-17　植草砖路面

5. 块料路面

块料路面是用石材、水泥混凝土块等铺砌而成的路面的统称。用各种不同形状和尺寸的块状材料铺成的路面包括花岗岩路面(图 5-18)、块石路面(图 5-19)、预制混凝土砖压纹路面(图 5-20)。

图 5-18　花岗岩路面

6. 砖路面

园林铺地多用青砖(图 5-21),风格朴素淡雅,砖铺地适用于庭院和古建筑物附近。因其耐磨性差,容易吸水,适用于冰冻不严重和排水良好之处;坡度较大和阴湿地段不宜采用,因易生青苔而行走不便。若采用彩色水泥仿砖铺地,透水砖效果较好,如图 5-22 所示。

图 5-19　块石路面

图 5-20　预制混凝土砖压纹路面

图 5-21　青砖路面

7. 整体路面

　　整体路面是用水泥混凝土或沥青混凝土铺筑而成的路面,但以前它的色彩多为灰色和黑色,现在铺筑有彩色沥青路面(图 5-23)和彩色混凝土路面(图 5-24)。

图 5-22　透水砖路面

图 5-23　彩色沥青路面

图 5-24　彩色混凝土路面

8. 步石、汀步

步石是在绿地上放置一块至数块天然石或预制成圆形、树桩形、木纹板形的铺块。汀步是设置在水中的步石,且适用于浅而窄的水面,如在小溪、滩地等,如图 5-25 所示。

9. 磴道

在地形陡峭的地段,可结合地形或利用露岩设置磴道。当其纵坡大时,应做防滑处理,并设扶手、栏杆等,如图 5-26 所示。

10. 礓磋

将普通坡道抹成若干道一端高 1 cm、宽 5~6 cm 的坡,断面就像木工锯的锯齿,既无台阶,又不打滑,形状就像洗衣板,如图 5-27 所示。

图 5-25　步石与汀步

图 5-26　蹬道

11. 特殊功能路面

按照使用功能要求选择的路面材料,如塑胶地坪面、健身道,如图 5-28 所示。

图 5-27　礓磋　　　　　　　　　　　　　　图 5-28　塑胶地坪面

任务二　园路工程计量

一、天然石材的表面加工

（1）**自然面**：石材自然面如图5-29所示。

图5-29　石材自然面

（2）**抛光面**：表面非常平滑，高度磨光，有镜面效果，有高光泽。花岗岩、大理石通常是抛光处理，并且需要采用不同的维护方法，以保持其光泽。

（3）**亚光面**：表面平滑，但是低度磨光，产生漫反射，无光泽，不产生镜面效果，无光污。

（4）**粗磨面**：表面简单磨光，把毛板切割过程中形成的机切纹磨没即可，是很粗糙的亚光加工。

（5）**机切面**：机切面也叫拉丝面，直接由圆盘锯、砂锯或桥切机等设备切割成型，表面较粗糙，带有明显的机切纹路。

（6）**荔枝面**：表面粗糙，凹凸不平，是用凿子在表面上密密麻麻地凿出小洞，有意模仿水滴经年累月地滴在石头上的一种效果，如图5-30所示。

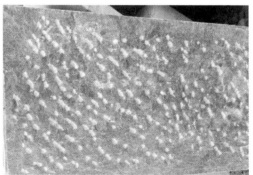

图5-30　荔枝面

（7）**剁斧面**：剁斧面也叫龙眼面，是用斧剁敲在石材表面上，形成非常密集的条状纹理，有些像龙眼表皮的效果，如图5-31所示。

（8）**火烧面**：这种表面主要用于室内,如地板或做商业大厦的饰面。高温加热之后快速冷却就形成了火烧面。火烧面一般是花岗岩面。火烧面的特点是表面粗糙自然,不反光,加工快,价格相对便宜,也可运用于外墙干挂上,如图5-32所示。

图5-31　剁斧面

图5-32　火烧面

（9）**水冲**：用高压水直接冲击石材表面,剥离质地较软的成分,形成独特的毛面效果,如图5-33所示。

（10）**拉槽**：在石材表面上开一定深度和宽度的沟槽,如图5-34所示。

 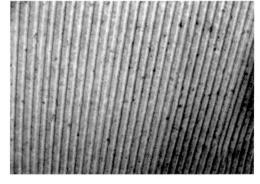

图5-33　喷砂水冲面　　　　　　　　　　图5-34　拉槽

（11）**蘑菇面**：一般是用人工劈凿,效果和自然劈相似,但是石材的天面却是呈中间突起、四周凹陷的高原状,如图5-35所示。

图 5-35　蘑菇面

二、园路、园桥工程定额工程量计算规则

（1）整理路床的工程量以"10 m²"计算,路床宽度按照设计路宽每边各加50 cm计算。园路整理路床工程量=路面长×[路面宽（包括侧石）+每边各加0.50 m]

$$S = L \times (B + 2 \times 0.5) \tag{5-1}$$

式中:S——整理路床工程量,m²;

　L——路面长,m;

　B——路面宽（包括侧石）,m;

　2×0.5——路面宽每边各加0.50,m。

（2）整理路床适用于挖土、填土厚度在30 cm以内的项目,挖土、填土厚度超过30 cm的应另行计算。

（3）园路垫层按设计尺寸以"m³"计算。设计未注明垫层宽度时,其宽度按设计园路面层尺寸,两边各放宽5 cm计算。

（4）园路面层工程量按设计尺寸,以"m²"计算。

（5）路牙、树池围牙工程量按"m"计算,树池盖板按"套"计算。

（6）木栈道按"m²"计算,木栈道龙骨按"m³"计算。

（7）砖砌台阶、混凝土台阶按"m³"计算,花岗岩台阶按展开面积以"m²"计算。

（8）园桥毛石基础、桥台、桥墩、护坡按设计尺寸以"m³"计算。

（9）石桥面、木桥面按"m²"计算。

三、定额应用

[例5-1]　某方整石板园路长120 m、宽1.2 m,垫层采用200 mm厚混凝土垫层,试列出工程项目计算各定额工程量。

解:（1）分析园路工程项目:

① 园路方整石板面层。

② 200 mm厚混凝土垫层。

③ 园路土基整理路床。

（2）列项计算项目工程量:

方整石板面层: $\quad\quad\quad 120×1.2=144(m^2)$

200 mm 厚混凝土垫层: $\quad 120×(1.2+0.05×2)×0.2=31.2(m^3)$

园路土基整理路床: $\quad 120×(1.2+0.5×2)=264(m^2)$

任务三 园路工程计价

一、预算定额的有关规定

(1)园路包括基层、面层。园路工程如遇定额缺项,可套用《浙江省园林绿化及仿古建筑工程预算定额》(2018 版)第四、五、六章相应定额子目,其人工乘以系数 1.10。

(2)冰梅石板定额按机割板编制。每 10 m² 冰梅数量在 250~300 块时,直接套用相应定额子目;每 10 m² 冰梅数量在 250 块以内时,其人工、切割锯片乘以系数 0.9;每 10 m² 冰梅数量在 300 块以上时,其人工、切割锯片乘以系数 1.15,其他不变。

(3)花岗岩机割板地面定额,其水泥砂浆结合层厚度按照 3 cm 编制,设计厚度不同时应作换算。块料面层结合砂浆如采用干硬性水泥砂浆的,除材料单价换算外,人工乘以系数 0.85。

(4)洗米石地面为素水泥黏结,若为环氧树脂黏结应另行计算。

(5)斜坡(礓磋)已包括土方、垫层及面层。如垫层、面层材料品种、规格等设计与定额不同,可以换算。

(6)园桥石桥面、木桥面按"m²"计算,可套用相应定额子目,如定额缺项的,可套用《浙江省园林绿化及仿古建筑工程预算定额》(2018 版)第四、五、六章相应定额子目,其人工乘以系数 1.15。

(7)木栈道不包括木栈道龙骨,木栈道龙骨另列项目计算。

二、定额换算

[例 5-2] 某小区园路 1:3 干硬性水泥砂浆铺 40 mm 厚花岗岩机割板路面,面层板损耗为 8%,试按照定额计算该园路路面的基价。

解:换算的要点如下。

(1)1:3 干硬性水泥砂浆材料的换算。

(2)人工×系数 0.85。

(3)损耗率面层消耗量的换算。

套用定额 2-30H:

$$换算后基价=2\,086.11+349.92×(0.85-1)+159×(10.8-10.2)+0.33$$
$$×(244.35-252.49)=2\,126.33(元/10\ m^2)$$

三、综合案例

[例 5-3] 某公园修建一条园路,园路高差地面在 25 cm 以内,其平面图及剖面图如图 5-36、图 5-37 所示。编制该园路工程量清单并计算综合单价(假设纯麻灰荔枝

面花岗岩石板单价为 200 元/m^2,莆田锈烧面花岗岩侧石单价为 85 元/m,1:3 干硬性水泥砂浆 30 mm 厚黏结,雨花石单价为 850 元/t,雨花石密度和卵石相同。管理费率按 18.51% 计取,利润率按 11.07% 计取,风险费用不计取)。

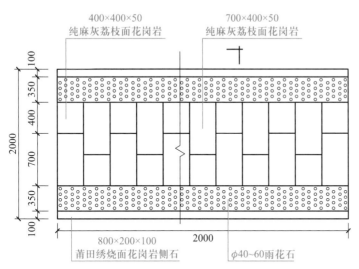

图 5-36　卵石花岗岩路平面图

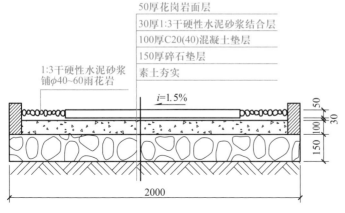

图 5-37　卵石花岗岩剖面图

解:(一) 编制工程量清单

1. 计算清单工程量

园路地坪(包括雨花石及花岗岩面):　　　$20×(2-0.1×2) = 36(m^2)$

莆田锈火烧面花岗岩侧石:　　　　　　　　$20×2 = 40(m)$

2. 编制工程量清单

分部分项工程量清单与计价表见表 5-1。

(二) 编制工程量清单综合单价计算表

1. 计算组价的定额工程量

(1) 园路铺装。

微课
园路清单的编制

表 5-1　分部分项工程量清单与计价表

单位工程及专业工程名称:园林景观

序号	项目编码	项目名称	项目特征描述	计量单位	工程量	综合单价/元	合价/元	其中/元			备注
								人工费	机械费	管理费	
	0502	园路、园桥工程									
1	050201001001	园路	纯麻灰荔枝面花岗岩石板地面用 30 mm 厚 1∶3 干硬水泥砂浆铺成,直径 40 ~ 60 mm 雨花石地坪用 30 mm 厚 1∶3 干硬水泥砂浆铺成,100 mm 厚现浇 C20 混凝土,150 mm 厚碎石垫层,整理路床	m²	36.00						
2	050201003001	路牙铺设	800 mm×200 mm×100 mm 莆田锈烧面花岗岩侧石用 1∶3 干硬水泥砂浆粘贴,150 mm 厚碎石垫层,基层清理	m	40.00						

微课
园路清单计价(1)

微课
园路清单计价(2)

整理路床:　　　　　　　　　　$20 \times (2 + 0.5 \times 2) = 60 \,(\mathrm{m}^2)$

干铺块石垫层 150 mm 厚:　　$20 \times (2 - 0.1 \times 2) \times 0.15 = 5.4 \,(\mathrm{m}^3)$

现浇 C20 混凝土垫层 100 mm 厚:　$20 \times (2 - 0.1 \times 2) \times 0.10 = 3.6 \,(\mathrm{m}^3)$

雨花石面地坪:　　　　　　　$20 \times 0.35 \times 2 = 14 \,(\mathrm{m}^2)$

纯麻灰荔枝面花岗岩地坪:　　$20 \times (0.4 + 0.7) = 22 \,(\mathrm{m}^2)$

(2) 侧石(路牙)铺装。

莆田锈烧面花岗岩侧石:　　　$20 \times 2 = 40 \,(\mathrm{m})$

碎石垫层:　　　　　　　　　$20 \times 0.1 \times 2 \times 0.15 = 0.6 \,(\mathrm{m}^3)$

2. 组价的定额换算

(1) C20 混凝土垫层,套用定额 2-6H,换算材料费。

　　材料费 $= 2\,841.24 + (284.89 - 276.46) \times 10.2 = 2\,927.23 \,(元/10\mathrm{m}^3)$

(2) 1∶3 干硬水泥砂浆铺花岗岩机制板,套用定额 2-30H。

换算人工费和材料费:

　　　　人工费 $= 349.92 \times 0.85 = 297.43 \,(元/10\mathrm{m}^2)$

　　材料费 $= 1\,715.11 + (200 - 159) \times 10.2 + (244.35 - 252.49) \times 0.33$

　　　　$= 2\,130.62 \,(元/10\mathrm{m}^2)$

（3）1∶3干硬水泥砂浆砌卵石面,套用定额2-35H,换算材料费。

材料费＝739.02+(244.35-238.10)×0.36+(850-124)×5.2＝4 516.46(元/10m²)

3. 编制工程量清单综合单价计算表

分部分项工程量清单与计价表见表5-2,综合单价计算表见表5-3、表5-4。

表5-2　分部分项工程量清单与计价表

单位工程及专业工程名称:园林景观

| 序号 | 项目编码 | 项目名称 | 项目特征描述 | 计量单位 | 工程量 | 综合单价/元 | 合价/元 | 其中/元 | | | 备注 |
								人工费	机械费	管理费	
	0502	园路、园桥工程									
1	050201001001	园路	纯麻灰荔枝面花岗岩石板地面用30 mm厚1∶3干硬水泥砂浆铺成,直径40~60 mm雨花石地坪用30 mm厚1∶3干硬水泥砂浆铺成,100 mm厚现浇C20混凝土,150 mm厚碎石垫层,整理路床	m²	36	464.09	16 707.24	2 736.36	164.88	537.12	
2	050201003001	路牙铺设	800 mm×200 mm×100 mm莆田锈烧面花岗岩侧石用1∶3干硬水泥砂浆粘贴,150 mm厚碎石垫层,基层清理	m	40	128.82	5 152.80	1 118.00		206.80	
		合计									

表5-3　分部分项工程量清单综合单价计算表

工程名称:园林景观　　　　　　　　　　　　　　　　　　清单号:

| 序号 | 编号 | 名称 | 计量单位 | 数量 | 综合单价/元 | | | | | | | 合计/元 |
					人工费	材料费	机械费	管理费	利润	风险费用	小计	
	0502	园路、园桥工程										

续表

序号	编号	名称	计量单位	数量	综合单价/元							合计/元
					人工费	材料费	机械费	管理费	利润	风险费用	小计	
1	050201001001	园路:纯麻灰荔枝面花岗岩石板地面用 30 mm 厚 1:3 干硬水泥砂浆铺成,直径 40～60 mm 雨花石地坪用 30 mm 厚 1:3 干硬水泥砂浆铺成,100 mm 厚现浇 C20 混凝土,150 mm 厚碎石垫层,整理路床	m²	36	76.01	359.66	4.58	14.92	8.92		464.09	16 707
	2-2	整理路床机械打夯	10 m²	6	11.88		17.38	5.42	3.24		37.92	228
	2-5	垫层碎石	10 m³	0.54	549.86	1 636.15		101.78	60.87		2 348.66	1 268
	2-6 换	垫层混凝土,现浇现拌混凝土 C20 (40)	10 m³	0.36	1 370.52	2 927.23	39.44	260.98	156.08		4 754.25	1 712
	2-30 换	花岗岩机制板地面板厚 3～6 cm,干硬水泥砂浆 1:3	10 m²	2.2	297.43	2 130.62	21.08	58.96	35.26		2 543.35	5 595
	2-35 换	浆砌卵石面,干硬水泥砂浆 1:3	10 m²	1.4	871.83	4 516.46		161.38	96.51		5 646.18	7 905
合计												

表5-4 分部分项工程量清单综合单价计算表

工程名称:园林景观   清单号:

序号	编号	名称	计量单位	数量	综合单价/元							合计/元
					人工费	材料费	机械费	管理费	利润	风险费用	小计	
	0502	园路、园桥工程										
1	050201003001	路牙铺设:800 mm×200 mm×100 mm莐田锈烧面花岗岩侧石用1:3干硬水泥砂浆粘贴,150 mm厚碎石垫层,基层清理	m	40	27.95	92.61		5.17	3.09		128.82	5 153
	2-5	垫层碎石	10 m³	0.06	549.86	1 636.15		101.78	60.87		2 348.66	141
	2-40 换	条石路牙铺筑 10 cm×25 cm,花岗岩20 cm×10 cm	10 m	4	271.22	901.55		50.20	30.02		1 252.99	5 012
合计												

[例5-4] 杭州某道路施工图——花坛剖面及铺装做法见图5-38,花坛的尺寸见图5-39。试编制花坛工程量清单及计算花坛的综合单价(设管理费率为18.51%,利润率为11.07%,石材价格165.24元/m)。

解:(一)工程量清单的编制

1. 计算清单工程量

        路牙铺设:L=中心线长度=$2×[(9+0.2)+(3+0.2)]$=24.8(m)

2. 编制花坛工程量清单

分部分项工程量清单与计价表见表5-5。

(二)工程量清单综合单价计算

1. 计算各定额项目工程量

(1)整理路床: S=$9.4×3.4-(9.0-0.5×2)×(3-0.5×2)$=15.96(m²)

说明:考虑花池的外侧四面是园路铺装,计算园路铺装已经考虑过整理路床了,因

微课
花池清单计价

此花坛只需要考虑花坛自身及内侧工作面即可。

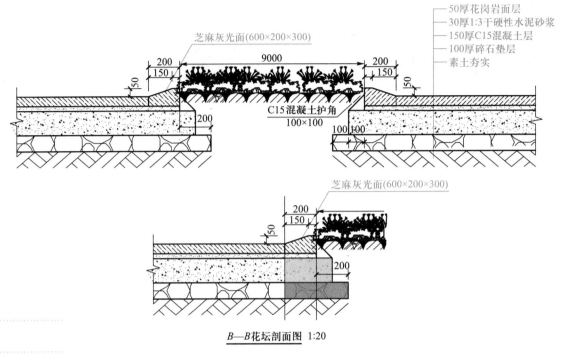

图 5-38　花坛的剖面图

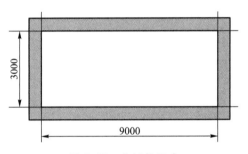

图 5-39　花坛的尺寸

（2）100 mm 厚碎石垫层：　　　$V=(9+3)\times2\times0.1\times0.4=0.96(\mathrm{m}^3)$

（3）150 mm 厚混凝土垫层：

$$V=[9.4\times3.4-(9.0-0.1\times2)\times(3-0.1\times2)]\times0.15=1.098(\mathrm{m}^3)$$

（4）花岗岩侧石：　　　　　　　$L=24.8(\mathrm{m})$

表 5-5　分部分项工程量清单与计价表

单位工程及专业工程名称：园林景观工程-景观工程

序号	项目编码	项目名称	项目特征	计量单位	工程量	综合单价/元	合价/元	其中/元			备注
								人工费	机械费	管理费	
		花坛									

续表

序号	项目编码	项目名称	项目特征	计量单位	工程量	综合单价/元	合价/元	其中/元			备注
								人工费	机械费	管理费	
1	050201003001	路牙铺设	600 mm×200 mm×300 mm 芝麻灰花岗岩光面（磨斜边），30 mm 厚1：3 干硬性水泥砂浆,150 mm 厚 C15 混凝土垫层，100 mm 厚碎石垫层、素土夯实,详见定额 HS-07	m	24.80						

2. 定额换算

铺筑 600 mm×200 mm×300 mm 芝麻灰花岗岩路牙,套用定额 2-41,换算材料费。

材料费 = 121.9+165.24×10.3-10.3×9.2+0.017×(244.35-268.85)

= 1 728.70(元/10m)

3. 编制工程量清单综合单价计算表

分部分项工程量清单与计价表见表 5-6,工程量清单综合单价计算表见表 5-7。

表 5-6　分部分项工程量清单与计价表

单位工程及专业工程名称:园林景观工程-景观工程

序号	项目编码	项目名称	项目特征	计量单位	工程量	综合单价/元	合价/元	其中/元			备注
								人工费	机械费	管理费	
		花坛									
1	050201003001	路牙铺设	600 mm×200 mm×300 mm 芝麻灰花岗岩光面（磨斜边），30 mm 厚1：3 干硬性水泥砂浆,150 mm 厚 C15 混凝土垫层，100 mm 厚碎石垫层、素土夯实	m	24.80	250.99	6 224.55	1 079.79	31.99	205.84	

[例 5-5]　杭州某道路施工图采用透水砖路面,园路平面图见图 5-40,园路做法剖面图见图 5-41。试编制透水砖园路工程量清单及计算透水砖园路的综合单价(设管理费率为 18.51%,利润率为 11.07%,透水砖单价按 220 元/m² 、侧石按 55 元/m 计)。

表 5-7　工程量清单综合单价计算表

单位工程及专业工程名称:园林景观工程-景观工程

序号	编号	名称	计量单位	数量	综合单价/元							合计/元
					人工费	材料费	机械费	管理费	利润	风险费用	小计	
		花坛										
1	050201003001	路牙铺设:600 mm×200 mm×300 mm 芝麻灰花岗岩光面(磨斜边),30 mm 厚1:3 干硬性水泥砂浆,150 mm 厚 C15 混凝土垫层,100 mm 厚碎石垫层、素土夯实	m	24.8	43.54	192.90	1.29	8.30	4.96		250.99	6 225
	2-2	整理路床机械打夯	m²	15.96	1.19		1.74	0.54	0.32		3.79	60
	2-5	垫层碎石	m³	0.96	54.99	163.62		10.18	6.09		234.88	225
	2-6	垫层混凝土	m³	1.098	137.05	284.13	3.94	26.10	15.61		466.83	513
	2-41 换	条石路牙铺筑,600 mm ×200 mm×300 mm 芝麻灰花岗岩光面	m	24.8	28.38	172.87		5.25	3.14		209.64	5 199
	土 15-179	石材磨边斜边	m	24.8	6.20	1.12		1.15	0.69		9.16	227

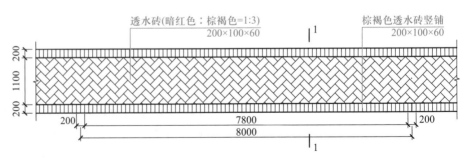

图 5-40　透水砖路面平面图

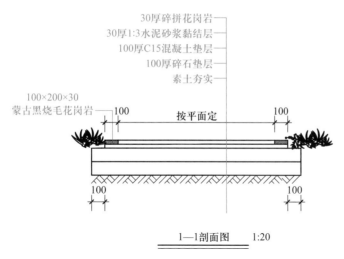

图 5-41 园路做法剖面图

解:(一)工程量清单的编制

1. 计算透水砖园路清单工程量

选取一个标准段 $L=8$ m,宽度 $B=1.1$ m。

园路清单工程量: $\qquad S=8\times1.1=8.8(m^2)$

透水砖路牙清单工程量: $\qquad L=16(m)$

2. 编制透水砖园路工程量清单

分部分项工程量清单与计价表见表 5-8。

表 5-8 分部分项工程量清单与计价表

单位工程及专业工程名称:园林景观工程-景观工程

序号	项目编码	项目名称	项目特征	计量单位	工程量	综合单价/元	合价/元	其中/元			备注
								人工费	机械费	管理费	
		园路及铺装									
		园路									
1	050201001001	园路	陶瓷透水砖(暗红色:棕褐色=1:3)尺寸 200 mm×100 mm×60 mm,30 mm 厚 1:3 干硬性水泥砂浆,100 mm 厚C15 混凝土垫层,150 mm 厚碎石垫层、素土夯实	m²	8.80						

续表

序号	项目编码	项目名称	项目特征	计量单位	工程量	综合单价/元	合价/元	其中/元			备注
								人工费	机械费	管理费	
2	050201003001	路牙铺设	200 mm×100 mm×60 mm 棕褐色陶瓷透水砖铺,30 mm 厚 1：3 干硬性水泥砂浆,100 mm 厚 C15 混凝土垫层,150mm 厚碎石垫层	m	16.00						

（二）工程量清单综合单价计算

根据图 5-41 园路做法剖面图,划分园路和路牙的界面及工程做法。

1. 计算透水砖园路各定额项目工程量

（1）整理路床： $S = (1.5+0.5×2)×8 = 20(m^2)$

（2）150 mm 厚碎石垫层： $V = 0.15×1.1×8 = 1.32(m^3)$

（3）100 mm 厚 C15 混凝土垫层： $V = 0.1×1.1×8 = 0.88(m^3)$

（4）陶瓷透水砖： $S = 1.1×8 = 8.8(m^2)$

2. 计算透水砖路牙各定额项目工程量

（1）150 mm 厚碎石垫层： $V = 0.15×(0.2+0.2)×8×2 = 0.96(m^3)$

（2）100 mm 厚 C15 混凝土垫层： $V = 0.1×(0.2+0.1)×8×2 = 0.48(m^3)$

（3）透水砖平路牙： $S = 16(m)$

3. 定额换算

（1）1：3 干硬性水泥砂浆铺透水砖面层,套用定额 2-30,换算人工费、材料费。

说明:块料面层结合砂浆如采用干硬性水泥砂浆的,除材料单价换算外,人工乘以系数 0.85。

$$人工费 = 349.92×0.85 = 297.432(元/10m^2)$$

$$材料费 = 1\ 715.11+(244.34-252.49)×0.33+(220-159)×10.2$$
$$= 2\ 334.620(元/10m^2)$$

（2）1：3 干硬性水泥砂浆铺透水砖路牙,套用定额 2-40,换算材料费。

$$材料费 = 81.37+(244.35-268.85)×0.013+(55-5.37)×10.3 = 592.24(元/10m)$$

4. 编制工程量清单综合单价计算表

工程量清单(园路)综合单价计算表见表 5-9,路牙综合单价计算表见表 5-10,园路及路牙清单与计价表见表 5-11。

［例 5-6］ 某工程铺设河卵石带,如图 5-42 所示。工程做法从下到上依次为素土夯实,100 mm 厚级配碎石垫层,铺设土工布,面层直径为 100～160 mm 的黄色河卵石,卵石带中心线长度为 400 m,宽度为 1 m,土工布搭接每侧不少于 0.1 m。试编制卵石带园路工程量清单并计算其综合单价(设管理费率为 18.51%,利润率为 11.07%)。

表 5-9 工程量清单综合单价计算表

单位工程及专业工程名称:园林景观工程-景观工程

序号	编号	名称	计量单位	数量	综合单价/元							合计/元
					人工费	材料费	机械费	管理费	利润	风险费用	小计	
		园路及铺装										
		园路										
1	050201001001	园路:陶瓷透水砖(暗红色:棕褐色=1:3)尺寸 200 mm×100 mm×60 mm,30 mm 厚 1:3 干硬性水泥砂浆,100 mm 厚 C15 混凝土垫层,150 mm 厚碎石垫层、素土夯实	m²	8.8	54.40	286.42	6.46	11.26	6.73		365.27	3 214
	2-2	整理路床机械打夯	m²	20	1.19		1.74	0.54	0.32		3.79	76
	2-5	垫层碎石	m³	1.32	54.99	163.62		10.18	6.09		234.88	310
	2-6	垫层混凝土	m³	0.88	137.05	284.13	3.94	26.10	15.61		466.83	411
	2-30 换	花岗岩机制板地面板厚 3~6 cm,陶瓷透水砖(暗红色:棕褐色=1:3)尺寸 200 mm×100 mm×60 mm	m²	8.8	29.74	233.46	2.11	5.90	3.53		274.74	2 418

表 5-10 工程量清单综合单价计算表

单位工程及专业工程名称:园林景观工程-景观工程

序号	编号	名称	计量单位	数量	综合单价/元							合计/元
					人工费	材料费	机械费	管理费	利润	风险费用	小计	
		园路及铺装										

续表

序号	编号	名称	计量单位	数量	人工费	材料费	机械费	管理费	利润	风险费用	小计	合计/元
1	050201003001	路牙铺设：200 mm×100 mm×60 mm 棕褐色陶瓷透水砖竖铺，30 mm 厚1∶3 干硬性水泥砂浆,100 mm 厚 C15 混凝土垫层,150 mm 厚碎石垫层	m	16	34.53	77.56	0.12	6.41	3.83		122.45	1 959
	2-5	垫层碎石	m³	0.96	54.99	163.62		10.18	6.09		234.88	225
	2-6	垫层混凝土	m³	0.48	137.05	284.13	3.94	26.10	15.61		466.83	224
	2-40 换	条石路牙铺筑 10 cm×25 cm	m	16	27.12	59.22		5.02	3.00		94.36	1 510

表 5-11　分部分项工程量清单与计价表

单位工程及专业工程名称：园林景观工程-景观工程

序号	项目编码	项目名称	项目特征	计量单位	工程量	综合单价/元	合价/元	人工费	机械费	管理费	备注
		园路及铺装									
		园路					5 173.58	1 031.20	58.77	201.65	
1	050201001001	园路	陶瓷透水砖（暗红色∶棕褐色=1∶3）尺寸 200 mm×100 mm×60 mm,30 mm 厚1∶3 干硬性水泥砂浆,100 mm 厚C15 混凝土垫层,150mm 厚碎石垫层、素土夯实	m²	8.80	365.27	3 214.38	478.72	56.85	99.088	
2	050201003001	路牙铺设	200 mm×100 mm×60 mm 棕褐色陶瓷透水砖竖铺，30 mm 厚1∶3 干硬性水泥砂浆,100 mm 厚 C15 混凝土垫层,150mm 厚碎石垫层	m	16.00	122.45	1 959.20	552.48	1.92	102.56	

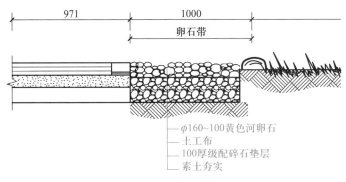

φ160~100黄色河卵石
土工布
100厚级配碎石垫层
素土夯实

图 5-42　卵石带铺装

微课
卵石带清单计价

解:(一)工程量清单的编制

1. 计算清单工程量

卵石带园路清单工程量: $S = 400 \times 1 = 400 (\text{m}^2)$

2. 编制工程量清单

分部分项工程量清单与计价表见表 5-12。

表 5-12　分部分项工程量清单与计价表

单位工程及专业工程名称:园林景观工程-景观工程

序号	项目编码	项目名称	项目特征	计量单位	工程量	综合单价/元	合价/元	其中/元			备注
								人工费	机械费	管理费	
		园路及铺装									
		卵石带									
1	050201001001	园路	直径 160 ~ 100 mm 黄色河卵石、土工布、100 mm 厚级配碎石垫层、素土夯实	m²	400.00						

(二)工程量清单综合单价计算

1. 计算卵石带园路各定额项目工程量

(1)整理路床: $S = 400 \times (1 + 0.5 \times 2) = 800 (\text{m}^2)$

(2)碎石垫层: $V = 400 \times 1 \times 0.1 = 40 (\text{m}^3)$

(3)铺设土工布: $S = 400 \times (1 + 0.1 \times 2) = 480 (\text{m}^2)$

(4)卵石: $S = 400 \times 1 = 400 (\text{m}^2)$

2. 定额换算

100 mm 厚级配碎石垫层,套用定额 4-120,换算人工费。

说明:园路工程如遇定额缺项,可套用《浙江省园林绿化及仿古建筑工程预算定额》(2018 版)第四、五、六章相应定额子目,其人工乘以系数 1.10。

$$人工费 = 469.53 \times 1.1 = 516.48 (元/10 \text{ m}^3)$$

3. 编制工程量清单综合单价计算表

分部分项工程量清单与计价表见表 5-13。工程量清单综合单价计算表见表 5-14。

表 5-13　分部分项工程量清单与计价表

单位工程及专业工程名称:园林景观工程-景观工程

序号	项目编码	项目名称	项目特征	计量单位	工程量	综合单价/元	合价/元	其中/元			备注
								人工费	机械费	管理费	
		园路及铺装									
		卵石带					25 516.00	4 780.00	1 868.00	1 228	
1	050201001001	园路	直径 160 ~ 100 mm 黄色河卵石、土工布、100 mm 厚级配碎石垫层、素土夯实	m²	400.00	63.79	25 516.00	4 780.00	1 868.00	1 228	

表 5-14　工程量清单综合单价计算表

单位工程及专业工程名称:园林景观工程-景观工程

序号	编号	名称	计量单位	数量	综合单价/元							合计/元
					人工费	材料费	机械费	管理费	利润	风险费用	小计	
		园路及铺装										
		卵石带										
1	050201001001	园路:直径 160 ~ 100 mm 黄色河卵石、土工布、100 mm 厚级配碎石垫层、素土夯实	m²	400	11.95	42.27	4.67	3.07	1.83		63.79	25 516
	2-2	整理路床机械打夯	m²	800	1.19		1.74	0.54	0.32		3.79	3 032
	4-120 换	碎石和砂人工级配(园路工程如遇缺项)	m³	40	51.65	202.14	11.89	11.76	7.03		284.47	11 379
	1-37	种植土滤水层铺设土工布	m²	480	1.25	9.99		0.23	0.14		11.61	5 573
	2-52	树池填充卵石	m²	400	2.90	10.07		0.54	0.32		13.83	5 532

说明:1. 本项目例题未考虑《关于增值税调整后我省建设工程计价依据增值税税率及有关计价调整的通知》(浙建建发〔2019〕92 号)的定额基价部分人材机乘以调价系数 1.02,如遇实际工作,需要参考调价文件进行调价。

2. 本项目微课中涉及的相关内容已按照实际工程考虑了调价。

思考题

某绿地为二类土,工作内容如下:建造一条园路,园路长 28 m,园路两端与广场相连,园路剖面如图 5-43 所示。已知土方工程考虑人工作业,余土不外运;雨花石单价为 800 元/t,雨花石密度与卵石相同。试根据上述条件,编制园路工程量清单,按《浙江省园林绿化及仿古建筑工程预算定额》(2018 版),计算其综合单价(设管理费率为18.51%,利润率为 11.07%)。

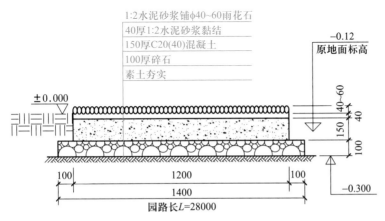

图 5-43　园路剖面图

项目六

园林景观工程

学习目标

　　了解园林景观工程相关基础知识,掌握园林景观清单工程量计算,掌握园林景观工程预算定额工程量的计算与计价规则,掌握园林景观工程工程量清单与计价表的编制。

重点难点

　　编制园林景观工程工程量清单,计算园林景观工程的综合单价,编制工程量清单计价表。

能力目标

　　根据园林景观工程施工图编制园林景观工程工程量清单与计价表,能够熟练地进行园林景观工程的清单计价。

　　中国园林艺术是指以江南私家园林和北方皇家园林为代表的中国自然山水园林形式。在中国传统建筑中,古典园林是独树一帜有重大成就的建筑。它被举世公认为世界园林之母,世界艺术之奇观,人类文明的重要遗产。中国的造园艺术,以追求自然精神境界为最终和最高目的,从而达到"虽由人作,宛自天开"的审美旨趣。

　　中国园林一般以自然山水作为景观构图的主题,景观建筑只为观赏风景和点缀风景而设置。在自然山水中,山水为主,建筑是从。与大自然相比,建筑物的相对体量和绝对尺度以及景物构成上所占的比重都是很小的。园林建筑只是整体环境中的一个协调、有机的组成部分,突出自然的美,增添自然环境的美。实现自然美和人工美的高度统一。北方皇家园林体量大,色彩辉煌,表现出恢宏堂皇的皇家气派;江南私家园林轻巧活泼、通透、朴素淡雅,表现出秀丽、雅致的风格。

任务一　园林景观工程基础知识

一、园桥

园桥是指在园林造园艺术中,将有限的空间表达出深邃的意境,把主观因素纳入艺术创作里面引水筑池,在水面上建造可让游人通行的桥梁。园林中的桥一般采用拱桥、廊桥、亭桥、平桥、曲桥、汀步等多种类型。

园林拱桥一般用钢筋混凝土、条石或砖等材料砌筑成圆形券洞,券数以水面宽度而定,有单孔、双孔、多孔等,图6-1(a)为赵州桥,图6-1(b)为颐和园的十七孔桥。拱桥有半圆形券、双圆形券、弧状券等。

(a)赵州桥

(b)颐和园十七孔桥

图6-1　园林拱桥

廊桥的桥体一般较长,桥上再架以廊,在组织园景方面既分隔了空间,又增加水面的层次和进深。图6-2(a)、(b)是温州泰顺姐妹廊桥,图6-2(c)是苏州拙政园的廊桥小飞虹。

(a)

(b)

(c)

图6-2　廊桥

亭桥是在桥上置亭,除纳凉避雨、驻足休息、凭栏瞭望外,还使桥的形象更为丰富多彩。图6-3(a)为杭州曲院风荷的"玉带晴虹"桥,图6-3(b)为扬州瘦西湖的五亭桥。

平桥分为单跨平桥和折线形平桥,如图6-4所示。单跨平桥简洁、轻快、小巧,由于跨度较小,多用在水面较浅的溪谷。桥的墩座常用天然块石砌筑,可不设栏。折线形平桥是为了克服平桥长而直的单调感,取得更多的变化,使人行其上,情趣横生,增加游赏趣味,它一般用于较大的水面之上。

(a)

(b)

图 6-3　亭桥

图 6-4　平桥

杭州西湖三潭印月的九曲桥如图6-5所示,不仅曲折多变,而且在桥的中间及转折的宽阔处,布置了四方亭和三角亭各一座,游人可随桥面的转折、起伏不断变换观赏角度,丰富景观效果。

图 6-5　九曲桥

在园林造园艺术上,狭窄水面上经常采用"汀步"的形式来解决游人的来往交通,汀步的作用类似于桥,但它比桥更邻近水面,如图6-6所示。

图6-6　汀步

二、假山

"园无石不秀,室无石不雅,山无石不奇,水无石不清",这句话说明假山叠石及塑假石山在园林造园艺术中起到举足轻重的作用。

假山叠石是指采用自然景石堆叠成山石、立峰以及溪流、水池、花坛等处的景石堆置或散置。塑假石山是根据设计师的设计构思,先做一个模型,再用砖石和水泥砂浆砌筑成大致轮廓,用钢骨架钢丝网绑扎成大致框架,然后仿照天然石纹进行表面深加工,塑造出效果逼真的假石山。根据制造的材料,可分为砖石骨架塑假石山、钢骨架钢丝网塑假石山及其他材料塑假石山。

园林中关于假山的名词解释如下。

湖石:石灰岩经水长年溶蚀所形成的一种多孔纹岩石。江浙一带的湖石颜色浅灰泛白,色调丰润柔和,质地清脆易损。湖石的特点是经水常年溶蚀形成大小不一的洞窝和环沟,具有圆润柔曲、嵌空婉转、玲珑别透的外形,扣之有声。优美的太湖石需满足"瘦""皱""漏""透""丑"五大特点。此石以产于太湖洞庭山的太湖石为最优,如图6-7所示。

图6-7　太湖石及湖石假山

　　湖石假山:以湖石为主,辅以条石或钢筋混凝土预制板,用水泥砂浆、细石混凝土和连接铁件等堆积而成的假山。该假山造型丰富多彩、玲珑多姿、婉转秀丽,是园林造景中常用的一种小型假山,如图6-7所示。

　　黄石:一种颜色呈黄褐色的岩石,其质地坚硬厚重,形态浑厚憨实。一般山区都有黄石,但以江苏常熟虞山质地为最。黄石假山是指以黄石为主、辅以条石或钢筋混凝土预制板,用水泥砂浆、细石混凝土和连接铁件等堆砌而成的假山,假山造型憨厚朴实、雄浑挺括、古朴大气,是园林造景艺术中堆砌大型假山时常选用的一种假山,如图6-8所示。

图6-8　黄石及黄石假山

　　整块湖石峰:底大上小,具有单独观赏价值的峰形湖石,可作为独立石。苏州狮子林“狮子峰”、杭州名石园中的“绉云石”就是有名的整块湖石峰,如图6-9所示。

图6-9　杭州绉云峰

　　石笋:一种呈条形状的水成岩。在园林造景中常直立放置于庭院角落,边上配以芭蕉、羽毛枫、竹等观赏植物,此石形似竹笋,故称石笋,如图6-10所示。

　　土山点石:在矮坡形土山等地,为点景而放置的石景,如散兵石、子母石等,如图6-11所示。

图 6-10　石笋

图 6-11　土山点石

布置景石:除堆砌假山、置放独立峰石、拼接峰石、土山点石外的石景布置。如花坛石景以及院门、道路两旁的散置石等,如图 6-12 所示。

图 6-12　布置景石

自然式护岸:河岸、溪流、池塘的边坡用湖石或黄石堆砌的护岸,如图 6-13 所示。

塑假石山:用砖石骨架或钢骨架上铺钢丝网的方式建造的假石山,以及使用其他材料等塑的假石山。杭州的宋城、温州的绣山公园都有较为成功的塑假石山,如图 6-14 所示。

图 6-13　自然式护岸

图 6-14　塑假石山

三、园林小品

园林景观中的园林小品是指点缀于园林绿地中的小型景观性和功能性设施。其艺术性强、技术要求高,包括堆塑装饰和金属构件、石作小品等小型设施。

(1) 堆塑:利用掺色水泥砂浆和金属骨架为材料,仿照树木、花草、竹、石、人物等的外形,塑造出松(杉)树皮、树桩、树根、树杆、竹节、仿石音箱等装饰品,如图 6-15 所示。

图 6-15　堆塑

（2）水磨石小品：用水泥、白石子浆和钢筋条制作、浇捣成形态各异的小品，成形后在小品面层上经打磨、上蜡、擦光的水磨石景窗、平板凳、木纹板、飞来椅、花檐、角花、博古架等小型设施。

（3）石作小品如图6–16所示。

图6–16　石作小品

任务二　园林景观工程计量

一、假山的定额工程量计算规则

（1）假山工程量按实际堆砌的石料以吨（t）为单位计算，假山中铁件用量设计与定额不同时，按设计调整。

$$堆砌假山工程量（t）＝进料验收的数量－进料剩余数量 \qquad (6-1)$$

当没有进料验收的数量时，叠成后的假山可按下述方法计算。

假山体积计算：

$$V_{体}=A_{矩} \, H_{大} \qquad (6-2)$$

式中：$V_{体}$——叠成后的假山计算体积，m^3；

$A_矩$——假山不规则平面轮廓的水平投影面积的最大外接矩形,m^2;

$H_大$——假山石着地点至最高顶点的垂直距离,m。

假山质量计算:

$$W = 2.6V_体 K_n \qquad (6-3)$$

式中:W——假山石质量,t;

2.6——石料密度,t/m^3,石料密度不同时按实际调整;

K_n——系数。

$$K_n = \begin{cases} 0.77, & H \leq 1\ m \\ 0.72, & 1\ m < H \leq 2\ m \\ 0.65, & 2\ m < H \leq 3\ m \\ 0.60, & 3\ m < H \leq 4\ m \end{cases}$$

各种单体孤峰及散点石:有进料数量时,按照实际计算;无进料数量时,按其单位石料体积(取单体长、宽、高各自的平均值乘积)乘以石料密度计算。

本方法不适用于附壁假山、斧劈石堆砌的工程量计算。

(2)塑假石山的工程量按其外围表面积以平方米(m^2)为单位计算。

二、塑类小品工程量计算规则

(1)塑松(杉)树皮、塑竹节竹片、塑壁画面、塑木纹按设计尺寸以展开面积计算。

(2)塑松棍、皮,塑黄竹按设计尺寸以"延长米"为单位计算。

(3)塑树桩按"个"计算。

(4)墙、柱面镶贴玻璃钢竹节片工程量按设计尺寸以展开面积计算。

三、栏杆、护栏、屋面工程量计算规则

(1)水磨石景窗框按设计尺寸以"延长米"计算。

(2)预制混凝土花式栏杆、金属花式栏杆工程量按设计尺寸以"延长米"计算。

(3)PVC 花坛护栏工程量按设计尺寸以"延长米"为单位计算。定额已包括安装及基础混凝土,若设计与定额不同,混凝土用量可按实际调整。

(4)柔性水池工程量按平方米(m^2)为单位计算。

(5)草屋面、油毡瓦屋面工程量按设计尺寸以平方米(m^2)为单位计算。

四、花架、花坛工程量计算规则

(1)木花架椽工程量按设计尺寸以立方米(m^3)为单位计算。

(2)金属花架柱、梁工程量按吨(t)为单位计算。

(3)木制花坛按设计尺寸以展开面积计算。

(4)花坛木龙骨按设计尺寸以立方米(m^3)为单位计算。

(5)石球、石灯笼、石花盆、塑仿石音箱工程量按"个"计算。

任务三　园林景观工程计价

一、假山工程

（一）预算定额的有关规定

（1）假山叠石包括湖石假山、黄石假山、斧劈石、布置景石、塑假石山、石峰石等，假山基础除砖骨架、塑假石山外，套用基础工程相关定额。堆砌假山按人工操作、机械吊装考虑。

（2）石峰造型的人造假山峰不适合本预算定额。

（3）塑假山，未考虑模型制作费用。

（二）综合实例

［例6-1］　某公园有黄蜡石六块共12 t，分别布置在各景点，后为屏蔽配电箱以砖骨架塑了一块高1.2 m、长0.8 m、厚0.6 m的假山石，如图6-17所示。试问该工程中假山工程的工程量为多少？

图6-17　塑假山

解：第一部分为布置景石。假山工程量按实际堆砌的石料以吨（t）为单位计算，假山中铁件用量设计与定额不同时，按设计调整。

$$堆砌假山工程量（t）= 进料验收的数量 - 进料剩余数量 \qquad (6-4)$$

没有剩料，其工程量为12 t。

第二部分为塑假石山。塑假石山的工程量按其外围表面积以平方米（m^2）为单位计算。

$$其工程量 = 1.2×0.8×2 + 1.2×0.6×2 + 0.8×0.6 = 3.84（m^2）$$

［例6-2］　某公园堆一座黄石假山，如图6-18所示。试编制该假山的工程量清单并计算清单的综合单价（管理费率按18.51%计取，利润率按11.07%计取，设假山石密度为2.6 t/m³）。

解：1. 编制工程量清单

（1）清单工程量计算。按照缺乏进料验单时假山的计算方法计算工程量。

堆砌黄石假山：　　　　$3×1.3×3.5×2.6×0.6 = 21.29（t）$

（2）编制工程量清单，见表6-1。

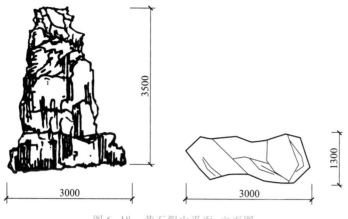

图 6-18　黄石假山平面、立面图

表 6-1　分部分项工程量清单与计价表

单位工程及专业工程名称：

序号	项目编码	项目名称	项目特征描述	计量单位	工程量	综合单价/元	合价/元	其中/元			备注
								人工费	机械费	管理费	
1	050301002001	堆砌石假山	① 高度 3.5 m； ② 黄石； ③ 现浇现拌混凝土 C15(16)； ④ 水泥砂浆 1：2.5	t	21.290						

2. 编制工程量清单综合单价计算表

分部分项工程量清单与计价表见表 6-2，分部分项工程量清单综合单价计算表见表 6-3。

表 6-2　分部分项工程量清单与计价表

单位工程及专业工程名称：

序号	项目编码	项目名称	项目特征描述	计量单位	工程量	综合单价/元	合价/元	其中/元			备注
								人工费	机械费	管理费	
	0502	园路、园桥工程					32 446	6 398	2 029	1 559	
1	050301002001	堆砌石假山	高度 3.5 m，黄石，现浇现拌混凝土 C15，水泥砂浆 1：2.5	t	21.29	427.38	9 099	2 141	1 601	692	
合计							32 446	6 398	2 029	1 559	

表6-3　分部分项工程量清单综合单价计算表

工程名称：

序号	编号	名称	计量单位	数量	综合单价/元							合计/元
					人工费	材料费	机械费	管理费	利润	风险费用	小计	
1	050301002001	堆砌石假山，高度 3.5 m^2，黄石，现浇现拌混凝土 C15(16)，水泥砂浆 1：2.5	t	21.29	100.58	199.64	75.19	32.52	19.45		427.38	9 099
	3-16	黄石假山高度 4 m 以内	t	21.29	100.58	199.64	75.19	32.52	19.45		427.38	9 099

[例6-3]　杭州某公园园林景观工程的入口广场黄石假山堆砌施工图见图6-19，试编制假山的工程量清单并计算黄石假山的综合单价（管理费率按 18.51% 计取，利润率按 11.07% 计取）。

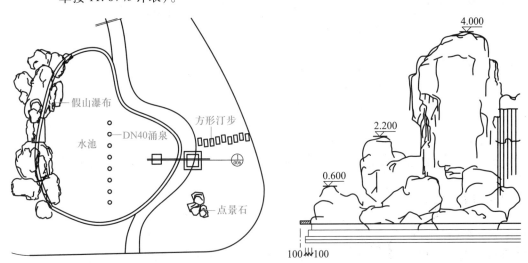

图6-19　黄石假山

解：1. 编制工程量清单

（1）计算清单工程量。

思路：清单工程量按照设计尺寸计算质量。计算方法同预算定额的工程量计算。首先计算叠成后的假山体积

$$V_体 = A_矩 H_大$$

再计算假山质量

$$W = 2.6 V_体 K_n$$

本例中黄石假山分为 A、B、C、D 四部分，先在图纸上用 Auto CAD 软件画出每一部分的最大外接矩形，如图 6-20 所示。Auto CAD 软件可自动计算每一部分的长、宽及

面积,最大垂直高度数据可从表6-4中获得。

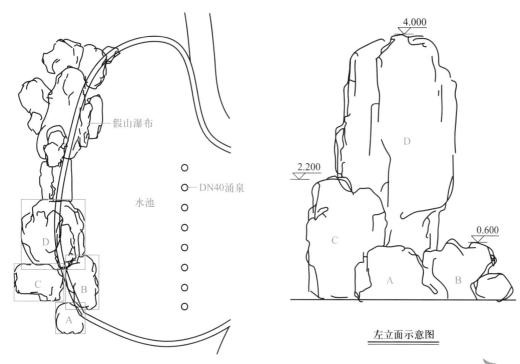

图6-20　黄石假山

表6-4　假山工程量计算表

项目	外接最大矩形面积/m²	最大垂直高度/m
假山 A	$S_A = 1.461 \times 1.47 = 2.148$	$H = 0.6$
假山 B	$S_B = 2.657 \times 1.641 = 4.36$	$H = 0.6$
假山 C	$S_C = 2.441 \times 1.758 = 4.291$	$H = 2.2$
假山 D	$S_D = 3.313 \times 3.135 = 10.386$	$H = 4.0$

套用式(6-2)、式(6-3),计算假山各部分的体积与质量。

假山 A：　$V_A = 1.461 \times 1.47 \times 0.6 = 1.29 (m^3)$

$W_A = 2.6 \times 1.29 \times 0.77 = 2.58 (t)$

假山 B：　$V_B = 2.657 \times 1.641 \times 0.6 = 2.616 (m^3)$

$W_B = 2.6 \times 2.616 \times 0.77 = 5.23 (t)$

假山 C：　$V_C = 2.441 \times 1.758 \times 2.2 = 9.44 (m^3)$

$W_C = 2.6 \times 9.44 \times 0.65 = 15.95 (t)$

假山 D：$V_D = 3.313 \times 3.135 \times 4 = 41.545 (m^3)$

$W_D = 2.6 \times 41.545 \times 0.6 = 64.81 (t)$

(2)编制工程量清单,见表6-5。

表 6-5　分部分项工程量清单与计价表

单位工程及专业工程名称:园林景观工程-景观工程

序号	项目编码	项目名称	项目特征	计量单位	工程量	综合单价/元	合价/元	其中/元			备注
								人工费	机械费	管理费	
		景石工程									
1	050301002001	堆砌石假山	堆砌石假山,砌筑高度 0.6 m,黄石,C15 混凝土,1∶2.5 水泥砂浆	t	7.810						
2	050301002002	堆砌石假山	堆砌石假山,砌筑高度 2.2 m,黄石,C15 混凝土,1∶2.5 水泥砂浆	t	15.950						
3	050301002003	堆砌石假山	堆砌石假山,砌筑高度 4.0 m,黄石,C15 混凝土,1∶2.5 水泥砂浆	t	64.810						

2. 编制工程量清单综合单价计算表

分部分项工程量清单与计价表见表 6-6,工程量清单综合单价计算表见表 6-7。

表 6-6　分部分项工程量清单与计价表

单位工程及专业工程名称:园林景观工程-景观工程

序号	项目编码	项目名称	项目特征	计量单位	工程量	综合单价/元	合价/元	其中/元			备注
								人工费	机械费	管理费	
		景石工程					35 907.94	8 876.11	6 301.86	2 809.17	
1	050301002001	堆砌石假山	堆砌石假山,砌筑高度 0.6 m,C15 混凝土,1∶2.5 水泥砂浆	t	7.810	274.30	2 142.28	677.99	386.36	197.046 3	
2	050301002002	堆砌石假山	堆砌石假山,砌筑高度 2.2 m,C15 混凝土,1∶2.5 水泥砂浆	t	15.950	380.63	6 071.05	1 679.54	1 046.32	504.498 5	

续表

序号	项目编码	项目名称	项目特征	计量单位	工程量	综合单价/元	合价/元	其中/元			备注
								人工费	机械费	管理费	
3	050301002003	堆砌石假山	堆砌石假山,砌筑高度 4.0 m,黄石,C15 混凝土,1∶2.5 水泥砂浆	t	64.810	427.32	27 694.61	6 518.59	4 869.18	2 107.62	1 2

表 6-7　工程量清单综合单价计算表

单位工程及专业工程名称:园林景观工程-景观工程

序号	编号	名称	计量单位	数量	综合单价/元							合计/元
					人工费	材料费	机械费	管理费	利润	风险费用	小计	
		景石工程										
1	050301002001	堆砌石假山,砌筑高度 0.6 m,黄石,C15 混凝土,1∶2.5 水泥砂浆	t	7.81	86.81	97.70	49.47	25.23	15.09		274.30	2 142
	3-13	黄石假山高度1m以内	t	7.81	86.81	97.70	49.47	25.23	15.09		274.30	2 142
2	050301002002	堆砌石假山,砌筑高度 2.2 m,黄石,C15 混凝土,1∶2.5 水泥砂浆	t	15.95	105.30	159.18	65.60	31.63	18.92		380.63	6 071
	3-15	黄石假山高度3m以内	t	15.95	105.30	159.18	65.60	31.63	18.92		380.63	6 071
3	050301002003	堆砌石假山,砌筑高度 4.0 m,黄石,C15 混凝土,1∶2.5 水泥砂浆	t	64.81	100.58	199.64	75.13	32.52	19.45		427.32	27 695
	3-16	黄石假山高度4m以内	t	64.81	100.58	199.64	75.13	32.52	19.45		427.32	27 695

二、塑类小品及其他

(一)预算定额的有关规定

(1)塑松(杉)树皮、塑竹节竹片、塑壁画面、塑木纹、塑树桩(头)等子目,仅考虑面层或表层的装饰抹灰和抹灰底层,基层材料均未包括在内。

(2)塑黄竹、松棍每条长度不足 1.5 m 者,其人工乘以系数 1.5,如骨料不同可换算。

(3)塑松(杉)树皮、塑竹节竹片、塑壁画面、塑木纹按照设计尺寸以"展开面积"计算。

(4)塑树棍、皮塑黄竹按照尺寸以"延长米"计算。塑树桩按照"个"计算。

(5)水磨石景窗如有装饰线或设计要求弧形或圆形者,其人工乘以系数 1.3,其他不变。花式博古架预制构件按白水泥考虑,如需要增加颜色,颜料用量按石子浆的水泥用量8%计算。

(6)金属花式栏杆按黑色金属编制,如用其他有色金属,应扣除防锈漆材料,人工不变。黑色金属如需镀锌,镀锌费另计。

(7)石桌、石凳按成品考虑,价格可按实调整。

(8)石球、石灯笼、石花盆、塑仿石音箱主材均按成品考虑,价格可按实调整。

(二)综合实例

[例6-4]　杭州某道路园林景观工程——景墙施工图纸见图 6-21 ~ 图 6-23,试编制该景墙的工程量清单并计算综合单价(管理费率按 18.51% 计取,利润率按11.07%计取。芝麻灰花岗岩光面价格按 3 200 元/m³ 计)。

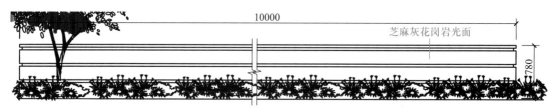

图 6-21　景墙正立面图

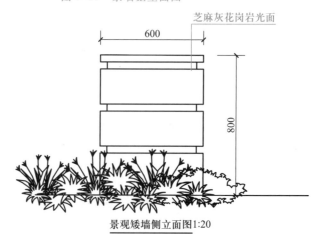

景观矮墙侧立面图1:20

图 6-22　景墙侧立面图

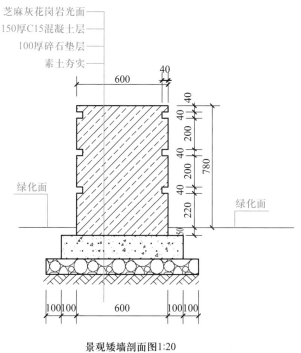

景观矮墙剖面图1:20

图 6-23　景墙剖面图

解:1. 编制工程量清单

分部分项工程量清单与计价表见表6-8。

表 6-8　分部分项工程量清单与计价表

单位工程及专业工程名称:园林景观工程-景观工程

序号	项目编码	项目名称	项目特征	计量单位	工程量	综合单价/元	合价/元	其中/元			备注
								人工费	机械费	管理费	
		景墙工程									
1	050307010001	景墙	芝麻灰花岗岩光面(按型切割)总体尺寸 10 000 mm × 600 mm × 830 mm、150 mm 厚 C15 混凝土垫层、100 mm 厚碎石垫层、素土夯实详见 HS-05	段	1.00						

2. 编制工程量清单综合单价计算表

(1)计算定额组价工程量。

① 原土夯实:

$$L = 10 + 0.4 = 10.4(\text{m})$$
$$B = 0.6 + 0.4 = 1.0(\text{m})$$
$$S = 10.4 \times 1.0 = 10.4(\text{m}^2)$$

② 100 mm 厚碎石垫层：

$$H = 0.1(\text{m})$$
$$V = 10.4 \times 0.1 = 1.04(\text{m}^3)$$

③ C15 混凝土垫层：

$$L = 10 + 0.2 = 10.2(\text{m})$$
$$B = 0.6 + 0.2 = 0.8(\text{m})$$
$$H = 0.15(\text{m})$$
$$V = 10.2 \times 0.8 \times 0.15 = 1.224(\text{m}^3)$$

④ 芝麻灰花岗岩光面：

$$L = 10(\text{m})$$
$$B = 0.6(\text{m})$$
$$H = 0.78 + 0.05 = 0.83(\text{m})$$
$$V = 10 \times 0.6 \times 0.83 = 4.98(\text{m}^3)$$

注：计算未扣除造型条的体积是综合考虑切割造型条的人工费及机械费的增加。切割掉的造型材料无法再应用于其他，只能作为损耗计算到材料费中。

（2）定额组价。

按型切割芝麻灰花岗岩光面套用定额 5-58。

换算材料费 = 10.2×3 200+2.1×212.41 = 33 086.1（元/10 m³）

（3）分部分项工程量清单与计价表见表 6-9、工程量清单综合单价计算表见表 6-10。

表 6-9　分部分项工程量清单与计价表

单位工程及专业工程名称：园林景观工程-景观工程

| 序号 | 项目编码 | 项目名称 | 项目特征 | 计量单位 | 工程量 | 综合单价/元 | 合价/元 | 其中/元 | | | 备注 |
								人工费	机械费	管理费	
		景墙工程					18 651.64	1 177.87	83.11	233.45	
1	050307010001	景墙	芝麻灰花岗岩光面（按型切割）总体尺寸 10 000 mm × 600 mm × 830 mm、150 mm 厚 C15 混凝土垫层、100 mm 厚碎石垫层、素土夯实	段	1	18 651.64	18 651.64	1 177.87	83.11	233.45	

表6-10　工程量清单综合单价计算表

单位工程及专业工程名称:园林景观工程-景观工程

序号	编号	名称	计量单位	数量	综合单价/元							合计/元
					人工费	材料费	机械费	管理费	利润	风险费用	小计	
		景墙工程										
1	050307010001	景墙: 芝麻灰花岗岩光面(按型切割)总体尺寸10 000 mm×600 mm×830 mm、150 mm厚C15混凝土垫层、100 mm厚碎石垫层、素土夯实	段	1	1 177.87	17 017.62	83.11	233.45	139.59		18 651.64	18 652
	4-61	原土夯实机械	m²	10.4	0.84		0.06	0.17	0.10		1.17	12
	4-116	碎石干铺	m³	1.04	36.84	184.42	1.12	7.03	4.20		233.61	243
	10-1	素混凝土垫层	m³	1.224	86.14	285.09	10.66	17.92	10.72		410.53	502
	5-58换	蘑菇石墙,芝麻灰花岗岩光面(按型切割)	m³	4.98	205.90	3 308.61	13.71	40.65	24.31		3 593.18	17 894

[例6-5]　杭州某公园园林景观工程——溪边木花架平面和剖面图见图6-24、图6-25,试编制该花架的工程量清单并计算综合单价,花架梁计算至柱外侧边缘(设管理费率按18.51%计取,利润率按11.07%计取。木构件按4 000元/m³计)。

解:1. 编制工程量清单

(1) 计算清单工程量。

清单工程量计算规则:木花架柱、梁按照设计截面乘以长度(包括榫长),以体积计算。

微课
花架计价

$$花架柱:V_柱=10×0.2×0.2×2.42=0.968(m^3)$$

$$花架椽:V_椽=13×0.12×0.18×2.40=0.674(m^3)$$

$$花架梁:L_{外中心线}=(n/180)×πR=2R(π/3)=2×4.65×(π/3)=9.734(m)$$

$$L_{外边线}=9.734+0.2=9.934(m)$$

$$L_{内中心线}=n/180×πr=2r(π/3)=2×2.950×(π/3)=6.175(m)$$

$$L_{内边线} = 6.175 + 0.2 = 6.375(\text{m})$$
$$L_{总} = 9.934 + 6.375 = 16.309(\text{m})$$
$$V_{梁总} = 16.309 \times 0.12 \times 0.1 = 0.196(\text{m}^3)$$

花架柱、梁、椽体积合计 $V = 0.968 + 0.674 + 0.196 = 1.84(\text{m}^3)$

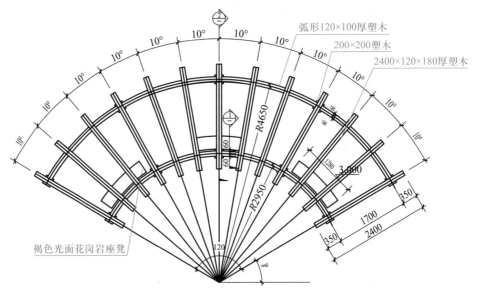

图 6-24　木花架平面图

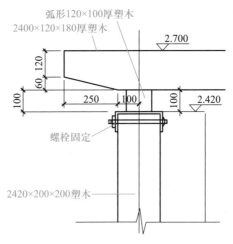

图 6-25　木花架剖面图

（2）编制工程量清单，见表 6-11。

2. 编制工程量清单综合单价计算表

分部分项工程量清单与计价表见表 6-12，工程量清单综合单价计算表见表 6-13。

清单组价套用定额 3-55。

换算材料费 = 1 903 + 1.161 × (4 000 - 1 625) = 4 660.59(元/m³)

表 6-11 分部分项工程量清单与计价表

单位工程及专业工程名称:园林景观工程-景观工程

| 序号 | 项目编码 | 项目名称 | 项目特征 | 计量单位 | 工程量 | 综合单价/元 | 合价/元 | 其中/元 | | | 备注 |
								人工费	机械费	管理费	
		园林小品									
1	050304004001	木花架柱、梁	塑木,200 mm×200 mm 的木柱,120 mm×100 mm 的木梁,120 mm×180 mm 的木椽,梁与柱采用螺栓连接	m³	1.84						

表 6-12 分部分项工程量清单与计价表

单位工程及专业工程名称:园林景观工程-景观工程

| 序号 | 项目编码 | 项目名称 | 项目特征 | 计量单位 | 工程量 | 综合单价/元 | 合价/元 | 其中/元 | | | 备注 |
								人工费	机械费	管理费	
		园林小品					11 200.74	1 958.15	67.82	375.010 4	
1	050304004001	木花架柱、梁	塑木,200 mm×200 mm 的木柱,120 mm×100 mm 的木梁,120 mm×180 mm 的木椽,梁与柱采用螺栓连接	m³	1.84	6 087.36	11 200.74	1 958.15	67.82	375.010 4	

表 6-13 工程量清单综合单价计算表

单位工程及专业工程名称:园林景观工程-景观工程

| 序号 | 编号 | 名称 | 计量单位 | 数量 | 综合单价/元 | | | | | | | 合计/元 |
					人工费	材料费	机械费	管理费	利润	风险费用	小计	
		园林小品										
1	050304004001	木花架柱、梁:塑木,200 mm×200 mm 的木柱,120 mm×100 mm 的木梁,120 mm×180 mm 的木椽,梁与柱采用螺栓连接	m³	1.84	1 064.21	4 660.59	36.86	203.81	121.89		6 087.36	11 201

续表

序号	编号	名称	计量单位	数量	综合单价/元							合计/元
					人工费	材料费	机械费	管理费	利润	风险费用	小计	
	3-55 换	木花架花架椽断面周长 25 mm 以上,塑木	m³	1.84	1 064.21	4 660.59	36.86	203.81	121.89		6 087.36	11 201

[例 6-6]　杭州某道路景观工程——园林座椅如图 6-26 所示,座椅数量 4 个,试编制工程量清单并计算综合单价(管理费率按 18.51% 计取,利润率按 11.07% 计取。坐凳成品价格按 1 000 元/个计)。

微课
坐凳清单计价

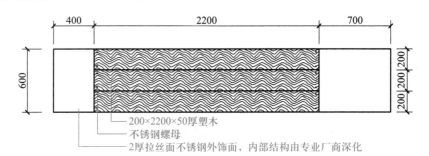

200×2200×50厚塑木
不锈钢螺母
2厚拉丝面不锈钢外饰面,内部结构由专业厂商深化

坐凳平面图1:20

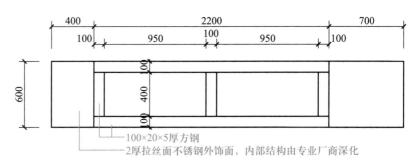

100×20×5厚方钢
2厚拉丝面不锈钢外饰面,内部结构由专业厂商深化

坐凳结构平面图1:20

200×2200×50厚塑木
100×20×5厚方钢
2厚拉丝面不锈钢外饰面,内部结构由专业厂商深化

坐凳正立面图1:20

图 6-26　园林座椅平面图

解:1. 编制分项工程量清单

参考图 6-26,找出园林座椅的项目特征,编制工程量清单,见表 6-14。

表6-14 分部分项工程量清单与计价表

单位工程及专业工程名称:园林景观工程-景观工程

序号	项目编码	项目名称	项目特征描述	计量单位	工程量	综合单价/元	合价/元	人工费	机械费	管理费	备注
		园林小品									
1	050305010001	塑料、铁艺、金属椅	200 mm×2 200 mm×50 mm厚塑木坐凳面、不锈钢螺母固定于100 mm×20 mm×5 mm厚方钢、2 mm厚拉丝面不锈钢外饰面凳脚(内部结构由专业厂商深化)用L50×4角铁通过直径6 mm的带螺母螺栓固定于地面	个	4						

2. 编制工程量清单综合单价计算表

分部分项工程量清单与计价表见表6-15、工程量清单综合单价计算表见表6-16。

表6-15 分部分项工程量清单与计价表

单位工程及专业工程名称:园林景观工程-景观工程

序号	项目编码	项目名称	项目特征描述	计量单位	工程量	综合单价/元	合价/元	人工费	机械费	管理费	备注
		园林小品					4 039.92	30.80		5.72	
1	050305010001	塑料、铁艺、金属椅	200 mm×2 200 mm×50 mm厚塑木坐凳面、不锈钢螺母固定于100 mm×20 mm×5 mm厚方钢、2 mm厚拉丝面不锈钢外饰面凳脚(内部结构由专业厂商深化)用L50×4角铁通过直径6 mm的带螺母螺栓固定于地面	个	4	1 009.98	4 039.92	30.80		5.72	

表 6-16　工程量清单综合单价计算表

单位工程及专业工程名称:园林景观工程-景观工程

序号	项目编号	名称	计量单位	数量	综合单价/元							合计/元
					人工费	材料费	机械费	管理费	利润	风险费用	小计	
		园林小品										
1	050305010001	塑料、铁艺、金属椅:200 mm×2 200 mm×50 mm 厚塑木坐凳面、不锈钢螺母固定于 100 mm×20 mm×5 mm 厚方钢、2 mm 厚拉丝面不锈钢外饰面凳脚(内部结构由专业厂商深化)用 L50×4 角铁通过直径 6 mm 的带螺母螺栓固定于地面	个	4	7.70	1 000		1.43	0.85		1 009.98	4 040
	3-67 换	铸铁条凳安装无靠背,不锈钢塑木坐凳无靠背	套	4	7.70	1 000		1.43	0.85		1 009.98	4 040

说明:1. 本项目例题未考虑《关于增值税调整后我省建设工程计价依据增值税税率及有关计价调整的通知》(浙建建发〔2019〕92 号)的定额基价部分人材机乘以调价系数 1.02,如遇实际工作,需要参考调价文件进行调价。

2. 本项目微课中涉及的相关内容已按照实际工程考虑了调价。

 思考题

园林剖面图如图 6-27 所示。

① 园路工程做法:路基整理;100 mm 厚碎石垫层;150 mm 厚 C20 混凝土垫层;30 mm 厚1∶2 水泥砂浆找平层;直径 40 mm 素色卵石地面,园路长 23 m。路牙工程做法:600 mm×120 mm×150 mm 火烧面桐庐芝麻青花岗岩路牙;1∶2 水泥砂浆黏结。

② 堆湖石假山高 3.5 m,工程做法为 C15 混凝土,1∶2.5 水泥砂浆,工程量 28 t。湖石景石用量如下:太湖石(0.6 t/块),共 4 块;汀步(1.8 t/块),共 2 块;太湖石(6.2 t/块),共 1 块;太湖石(2.7 t/块),共 5 块。700 mm×350 mm×70 mm 桐庐芝麻青菠萝面汀步 23 块(62 元/块)。编制园林景观工程的工程量清单及计算综合单价(管理费率按 18.51% 计取,利润率按 11.07% 计取,主材参考信息价)。

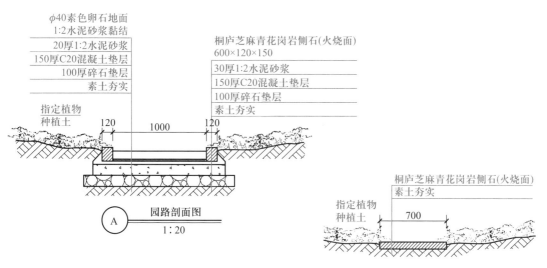

φ40素色卵石地面
1:2水泥砂浆黏结
20厚1:2水泥砂浆
150厚C20混凝土垫层
100厚碎石垫层
素土夯实

指定植物
种植土

120　　1000　　120

桐庐芝麻青花岗岩侧石(火烧面)
600×120×150
30厚1:2水泥砂浆
150厚C20混凝土垫层
100厚碎石垫层
素土夯实

A　园路剖面图
1:20

桐庐芝麻青花岗岩侧石(火烧面)
素土夯实

指定植物
种植土

700

图 6-27　园林剖面图

项目七

砖细、石作工程

学习目标

　　了解砖细、石作工程相关基础知识,熟悉仿古建筑工程预算定额计量计价规则,掌握砖细、石作工程工程量清单的编制和工程量清单计价表的编制。

重点难点

　　认识砖细、石作工程的构件,编制砖细、石作工程工程量清单,编制砖细、石作工程工程量清单计价表。

能力目标

　　根据施工图编制砖细、石作工程工程量清单和工程量清单计价表,能够熟练地进行砖细、石作工程的清单计价。

任务一　砖细、石作工程基础知识

一、砖细工程

　　砖细工程在《营造法原》中称为"做细清水砖作"。用优质细泥烧制成的砖料经刨、磨等加工工序后,为"细清水砖"。"做细"是指按照平整紧密、符合尺寸要求进行精密加工和施工的统称。"清水砖作"是指不勾缝的砖砌工程。清水砖有它的精美特点,南方建筑以装饰为主,应用广泛,如墙面、墙门、门楼、门窗洞、檐墙、照壁、垛头等。

　　古建筑用砖料,应用较多的主要是方砖、开砖、黄道砖等,规格较多,有北方及南方两大类。依据《营造法原》的传统做法,结合江南的常用做法,砖细工程中的主要材料以方砖为主,也有望砖、六角形砖、八角形砖、楔砖等。

方砖是用优质黏性泥经脱胚,放入窑内烧制而成,色泽亮白,发青发白,常用的规格有 300 mm×300 mm×40 mm、400 mm×400 mm×50 mm、500 mm×500 mm×70 mm、630 mm×630 mm×80 mm 等,城砖也属于方砖的一类。

1. 常规的施工方法

(1) 选料:选方砖时面要平整,砖泥均匀,空隙少,规格要比设计规格略大些,以备截、刨、磨等加工需要。

(2) 砖料加工:根据使用部位的不同,被加工的砖料可分为墙身砖、地面砖、檐料砖、脊料砖和其他类砖。

把所需加工的尺寸画在板上,然后进行面加工,一边刨、磨,一边将遇有空隙的地方用油灰填补,随填随磨,其色泽均匀,经久不变。砖线加工,以刨为主,其断面因刨口而各异。各种砖的加工一般均以现场手工操作为主。随着科学技术的发展,逐渐地也采用机械操作。

(3) 安装:以地坪为例,先用线打中心线、拉横线,然后用水泥砂浆从中心线开始向左、右、上、下四侧铺贴方砖,用木榔头敲实,最后用桐油石灰或白水泥填补缝隙。清扫干净。

2. 名词解释

望砖:砖的一种,体轻、薄,常用规格为 210 mm×105 mm×15 mm,铺于椽上,用以堆瓦,作为屋面望板,也可当作线脚材料等。

粗直缝:对望砖最简单的加工,只对拼缝面进行粗加工,望砖之间能合缝即可。

平面望:铺在直椽之间,代替望板,要求底面平整,望砖间拼缝紧密,其加工面在 3 个面以上。

船篷顶弯望:望砖带弓形,铺在船篷顶弯弧形椽子上,如图 7-1 所示。

图 7-1　船篷顶弯望

鹤颈弯椽:椽子呈弯形仙鹤颈,如图 7-2 所示,望砖铺在仙鹤颈的椽子上。

砖细:青砖经截、锯、刨、磨等加工后的材料。

抛枋:外墙上部用砖做成形似木枋的砖枋子,如图 7-3 所示。

台口:石栏杆、石柱下面的锁口石,外边挑出去的距离称为台口,砖细中借用此名称,一般指砖外挑的部分。

图 7-2　鹤颈弯橡

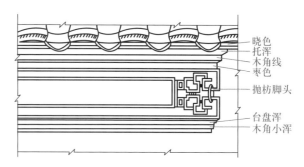

晓色
托浑
木角线
枣色
抛枋脚头
台盘浑
木角小浑

图 7-3　砖细抛枋

月洞:墙体上做有窗洞,不装窗扇,如图 7-4 所示。

图 7-4　月洞

地穴:墙体上做有门洞,不装门扇,如图 7-5 所示。

方砖:砖的一种,形状方形,经加工后,用于贴墙面或做地坪。常用规格为 350 mm×350 mm×40 mm、400 mm×400 mm×50 mm、500 mm×500 mm×70 mm。

垛头:山墙伸出廊柱外部分,或墙门二边砖磴,定额中的垛头为墙上面装饰部分。垛头分上、中、下三部分,中、下部分为墙的上身及勒脚,如图 7-6 所示。

三飞砖:用方砖三皮,逐步挑出做装饰线,如图 7-6 所示。

图 7-5　地穴

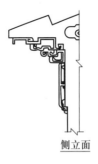

正立面　　　　　　侧立面

(a) 纹头式

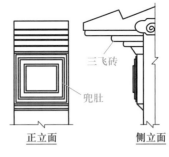

正立面　　　　　　侧立面

(b) 飞砖式

图 7-6　垛头

亚面：一种线脚，断面为凹带圆，如图 7-7(a) 所示。

浑面：一种线脚，断面为凸出呈半圆形，如图 7-7(b) 所示。

文武面：一种线脚，断面为亚面与浑面光滑相连，如图 7-7(c) 所示。

木角线：一种线脚，断面在转角处成相连两小圆，如图 7-7(d) 所示。

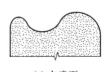

(a) 亚面　　　　　　(b) 浑面　　　　　　(c) 文武面　　　　　　(d) 木角线

图 7-7　线脚

单、双线：方砖花纹凸线形成线框的根数，如图 7-8 所示。

单、双出口：单块砖凸出墙面的边数，两边都凸出墙面为双出口，一边凸出墙面为单出口，如图 7-8 所示。

八角景：用八角形的方砖贴墙面，用线砖围成景框，一种艺术形成的砌筑。

六角景：用六角形的方砖贴墙面，用线砖围成景框，一种艺术形成的砌筑。

门景：门户框宕，满嵌做细清水砖，门景上端有方、圆、联回纹做纹头，联数圆为曲弧，式样很多，如图 7-9 所示。

半墙：矮墙，砌于半窗或坐槛之下。

束细：在上下托浑的中间，面带方形的起线。

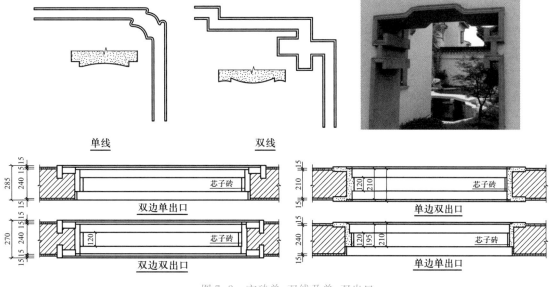

图7-8　方砖单、双线及单、双出口

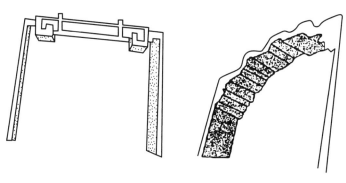

图7-9　门景

兜肚:垛头的中部,成方形或长形的部分,有时上面雕刻了各种花纹,如图7-6所示。

屋脊头:用砖料雕刻,放在正脊两个端头的装饰物,如图7-10所示。

博风板头:山墙博风板的两个端头。

宿塞(束编细):门楼(墙门)上下托浑的中间,带矩形条,如图7-11所示。

大镶边:门楼兜肚四周所圈围的长边。

五寸堂:上枋上面第一根横隔条,是上枋与其上构件之间的过渡物体,高不超过5寸。

将板砖:套住荷花柱之顶,与斗盘枋紧密相连接的构件。

掛芽砖:附在荷花柱旁边的装饰物。

靴头砖:在三飞砖檐两端侧面的装饰砖。

一飞砖角线、二飞砖托浑、三飞砖晓色:三飞砖每层挑出砖细线脚的名称。

简单的砖雕:一般指几何图案、回纹、卷草、如意、云头、海浪、简单的花卉等雕刻的图案。

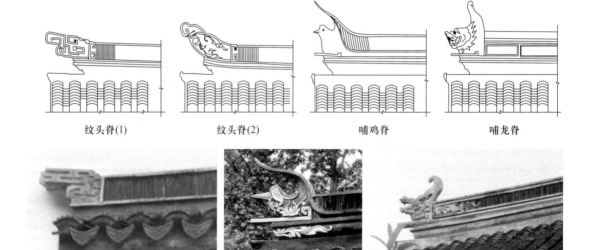

纹头脊(1)　　纹头脊(2)　　　哺鸡脊　　　　哺龙脊

图 7-10　屋脊头

复杂的砖雕:夔龙、夔凤、刺虎、金莲、牡丹、竹枝、梅桩、坐狮、翔鸾、花卉、鸟、兽,以及各种山水、人物等雕刻的图案。

漏窗:普通窗芯,由单一基本图案或带少量辅助线条所组成的花纹;复杂窗芯,由两种以上基本图案所组成的花纹,如图7-12所示。

二、石作工程

在古建筑、园林工程中,石料是应用比

图 7-11　宿塞

较多的一种地方材料。石作工程主要包括地坪铺装、台明、墙身、牌坊等工程项目。常用的石料品种有方整汉白玉、青石、花岗岩等。青石材质比较硬,质感细腻,不易风化,是较理想的雕刻石材。花岗岩种类较多,其质地比较坚硬,不易风化,含有石英颗粒,因此石纹粗糙,不易雕刻,一般不适用高级的石雕刻品。汉白玉质地较软,有洁白晶莹的质感,石纹细,是做雕刻的好材料,但强度、耐风化、耐腐蚀的能力不如青石。

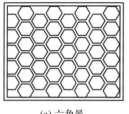
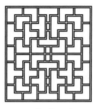
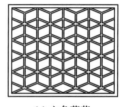

(a)六角景　　　　(b)宫式万字　　　　(c)六角菱花　　　　(d)乱纹冰裂式

图 7-12　漏窗

开采石料时,先要了解山上石料的性质、好坏,以及石料在山上所处的部位。根据所需石料的要求来挑选性能好的材料。先将石料清除干净,仔细看有无缺陷,特别是冬天挑选,要将板上的薄冰扫净,便于观察仔细。石料的纹理如不太清楚,可将石料局部磨光。石纹的走向应符合构件的受力要求,如阶沿、踏步等石纹为水平走向,柱子、角柱等为垂直走向。

1. 石料加工

石料加工分为毛料石加工、机割板加工。毛料石加工方法如下。

(1)打荒:打荒是指在采石场中开采出来的石料,用铁锤和铁凿将棱角高低不平之处进行打剥到基本均匀一致的程度。这些在采石场提供的建筑用的原始石料称为"荒料",这种加工成荒料的过程称为"打荒"。《营造法原》里将之称为"双细"。

(2)一步做糙:做糙为粗加工,把荒料按所需设计尺寸加预留尺寸进行划线,然后用锤和凿将线以外的部分打剥,使荒料形成所需规格的初步轮廓,即为毛坯。《营造法原》里称为"出潭双细"。

(3)二步做糙:在一步做糙的基础上,用锤和凿将轮廓表面进行细加工,使石料表面的凿痕变浅,凸凹深浅均匀一致。《营造法原》里称为"市双细"。

(4)一遍剁斧:剁斧是专门砍剁石料表面的斧子,石料表面经剁斧后,表面无明显凹凸凿痕。《营造法原》里称为"斩细"。

(5)二遍剁斧:在一遍剁斧的基础上再加以细剁,使剁痕间隙小于1 mm,让表面进一步平整。

(6)三遍剁斧:在二斧的基础上进行精剁,使剁痕间隙小于0.5 mm,石料表面完全平整。《营造法原》里称为"督细"。

(7)扁光:经过三遍剁斧的石料用砂石加水磨光,使其表面平整光滑。

机割板石料加工是指在已成规格的机割板上,按石料加工等级要求对其进行石料加工的过程。

2. 石雕及石碑镌字

石雕是在石头的表面上,用平雕、透雕的手法,雕刻成各种花式图案。常见雕刻的石构件有须弥座、石柱顶、柱础(鼓磴)、石柱、石栏杆、抱鼓石、御路、坤石、门、窗贴脸等。石雕分以下几个加工类别。

素平(阴刻线):在磨光的石材上,刻凹线勾画出人物、动物、植物、山水等。

减地平钑(平浮雕):在磨光的石材上雕刻,然后在雕刻的花纹外面凿去一层,这样雕的花纹部分就会有所突出。

压地隐起(线浮雕):雕刻后的石料表面,把不雕刻的部分凿去一层,比减地平钑凿去的再深一点,让所雕图案隐隐突现出来。

剔地起突(高浮雕):把图案以外部分,剔凿比前两次更深一点,图案明显突出,雕刻表面有高低起伏的变化,经过深浅雕刻突现立体感。

字碑镌字分为阴文凹字和阳文凸字。阴文凹字是指在石面上凿出凹字体,也称阴字。阳文凸字是指在石面上凿出凸字体,也称阳字。

3. 石料的施工方法

以荒料为例,石料的制作、安装过程如下。

(1)确定荒料:根据所用石料在工程中的位置,确定荒料的尺寸。荒料的尺寸应大于所需规格的石料尺寸,称为"加荒","加荒"的尺寸最少不应小于2 cm。

（2）打荒：在石料看面上抄平放线，然后用凿子凿去石面高出的部分。

（3）加工：依据施工图设计形状要求，对石料进行加工。

（4）安装：石柱、栏板、梁等石料构件一般做榫、卯，安装时，榫、卯对牢，缝隙平整；灌砂浆后表面要清理干净。其他石构件安装，垫层要平整，不能有虚空的位置，放置面层材料，用木锤打实；铺作过程中，表面、边线应再进行细加工，最后清理表面。

4. 名词解释

土衬石：基础出土处，四周所砌之石，如图7-13所示。

踏步：阶台的踏步石，《营造法原》称为"踏步副阶沿"，如图7-13所示。

阶沿：沿阶台四周的石，如图7-13所示。

侧塘石（陡板）：以塘石侧砌（台明外围边的侧砌石），用于阶台及驳岸，如图7-13所示。

菱角石（象眼）：踏步两旁，垂带下部三角部位，如图7-13所示。

礓石（柱顶石）：石鼓磴下所填方石，与阶台石平，如图7-13所示。

石鼓磴：柱底与礓石之间的石础，有花纹与素鼓磴之分，如图7-13所示。

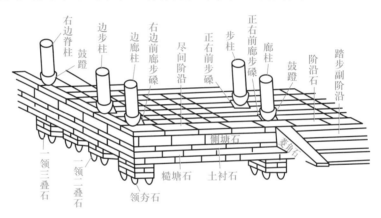

图7-13　土衬石、阶沿、侧塘石、菱角石、礓石、石鼓磴

锁口石（地袱）：石栏杆、石柱和石栏板下面的承托石。由于栏杆柱及栏板的稳定性是靠它们与其下面的条石用榫卯槽口连接而紧固的，所以称为"锁口"。我国北方称其为"地袱"，如图7-14所示。

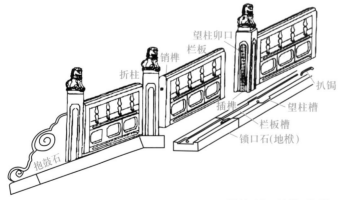

图7-14　地袱、砷石

砷石(抱鼓石):将军门旁所置石鼓,上如鼓形,下有基座饰物,一般在牌坊、露台、阶台旁设置,如图7-14所示。

垂带石:踏步两旁,由阶台至地上斜置之石,如图7-15所示。

御路:殿庭露台之前,踏步中间,不作阶级,而有雕龙、凤等花纹部分。

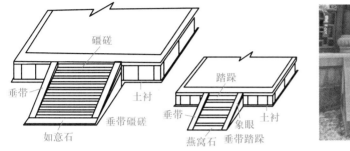

图7-15　垂带石

任务二　砖细、石作工程计量

一、砖细工程定额工程量计算规则

砖细工程的定额根据《营造法原》结合浙江省的传统做法编制。包括做细望砖、砖细加工、砌城砖墙及清水墙、砖细贴面、镶边、月洞、地穴和门窗樘套、漏窗、砖细槛墙、坐槛栏杆、砖细构件、砖细小构件,砖雕和碑镌字等10小节,共149个子目。按《浙江省园林绿化及仿古建筑工程预算定额》(2018版)规定,工程量计算如下。

(1) 做细望砖:工程量按成品以"块"计算,砖的损耗已包括在定额中,本望砖指对厅、堂、廊中不同式样的椽子上铺设加工的望砖,规格为210 mm×105 mm×15 mm。

(2) 砖细加工:砖细加工主要指望砖、方砖的材料加工,包括面加工及线脚加工。

① 面加工:分弧形面、平面。按"平方米"计算。

② 线脚加工:含边缝加工,按设计要求,可加工成各种式样的线脚。有独立的,也有组合的。按"米"计算。

(3) 砖细抛枋、台口:以"延长米"计算。

(4) 砖细贴面:主要指方砖贴墙体,是古建筑对墙体的一种装饰,工程量依据方砖所应用的部位、规格,按设计尺寸,以"平方米"计算,四周若镶边,镶边工程量另行计算,套用相应的镶边定额。计算时要扣除门、窗洞口、空洞所占面积,不扣除0.3 m² 以内的空洞面积。

(5) 月洞、地穴、门窗樘套、镶边,按设计尺寸外围周长,分别以"延长米"计算。侧壁、顶板、曲弧线按线脚结构分,各有6个小子目,即双线双、单出口、单线双、单出口、无线双、单出口,同时,方砖宽宜在35 cm以内,超过35 cm时,人工费、材料费需换算。

(6) 砖细漏窗、一般漏窗

① 砖细漏窗,把边框及芯分开计算。漏窗边框按外围周长以延长米计算。漏窗蕊子分普通(指六角景、宫万式)、复杂(指六角菱花角、乱纹式)。按边框内净尺寸以"平

方米"计算。

② 一般矩形漏窗不分边框与芯。按窗框外围面积以"平方米"计算。子目中分全张瓦片,软景式条,平直式条等。在软景、平直中分普通与复杂花纹。

（7）坐凳面。

① 砖细半墙坐槛面,是指在矮墙上面铺方砖作为坐凳的一种形式。宽为 40 cm,工程量以设计尺寸按"延长米"计算。

② 砖细坐槛栏杆,计算工程量时坐槛面砖、拖泥、芯子砖按水平长度以"延长米"计算。坐槛栏杆侧柱按高度以"延长米"计算。

（8）其他。

① 砖细包檐、望砖线脚分别以"延长米"计算。

② 屋脊头、垛头、梁垫按各构件的部位及形状,分别以"只"计算。

③ 博风板头、馓头板、风拱板、斗拱按规格,分别以"只（块、座）"计算。

④ 桁条、梓桁,椽子（含伸入墙内部分）、飞椽（含伸入墙内部分）,按规格分别套用相应定额,工程量按"延长米"计算。

⑤ 砖细垛头勒脚、墙身按设计尺寸,以"平方米"计算。

⑥ 拖泥、锁口、线脚、上下枋、台盘浑、斗盘枋、五寸堂、字碑、飞砖、晓色、挂落,以"延长米"计算。

⑦ 大镶边、字镶边工程量按外围周长,以"延长米"计算。

⑧ 兜肚以块计算,刻字以"个"计算。

⑨ 城砖墙,清水砖墙外墙,按照设计尺寸以"立方米"计算,扣除门窗洞口、过人洞、嵌入墙体的柱梁及砖细面所占体积,不扣除伸入墙内的梁头、桁檩头所占体积。

二、石作工程

定额工程量计算规则

石作工程定额包括石料加工、用毛料石制作安装,用机割石材制作构件。共三节,198 个子目。按《浙江省 2018 园林绿化与仿古建筑工程预算定额》（2018 版）规定,工程量计算如下:

（1）石料表面加工分为平面加工、曲弧面加工,平面加工按所加工的构件尺寸的面积计算,曲弧面按展开面积计算。石料表面加工分为 7 个等级,每个等级均为累计用工。如一遍剁斧的人工包括打荒、一步做糙、二步做糙和一遍剁斧所需要的合计人工。

（2）线脚加工不分阴线、阳线均以延长米计算,斜坡加工按坡势定额以"延长米"计算。

（3）柱、梁、枋、石屋面、拱形屋面板根据其断面尺寸及形状按竣工石料以体积计算。

（4）石门窗框按竣工框料体积以"立方米"计算。门槛根据长度尺寸以"米"计算。

（5）踏步、阶沿石、锁口石均按投影面积、侧塘石按侧面面积以"平方米"计算。垂带按照斜面积计算,侧面两部分不展开。

（6）以毛料石加工制安的菱角石分二步、三步以"端"计算;以机割板加工制安的菱角石分二步、三步以"立方米"计算。

（7）须弥座是由几个石构件按比例、位置叠加组合而成,如图7-16所示,计算时按各构件的断面,以"延长米"计算,套相应定额子目。

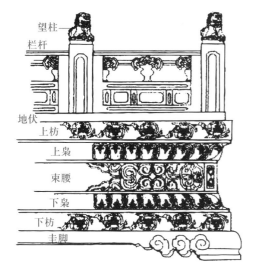

图7-16　须弥座

（8）栏杆中的柱,按竣工体积计算。栏板按外框面积乘以厚度,以"立方米"计算,虚透部位面积不扣除。

（9）条形石凳制作分凳面、凳脚,以体积计算。

（10）石浮雕按实际雕刻物的底板外框面积计算。字碑镌字,不论凹、凸字,根据所刻字的大小按"个"计算。

任务三　砖细、石作工程计价

一、砖细工程

（一）预算定额的有关规定

（1）望砖刨平面、弧面均包括两侧刨缝,补磨。

（2）望砖加工中的望砖规格按210 mm×105 mm×15 mm,规格不同时,人工可按面积比例换算。

（3）方砖刨边厚度以4.5 cm以内为准,超过的人工可按照厚度进行比例换算。

（4）月洞、地穴、门窗樘套宽超过35 cm,人工、材料可进行换算。

（5）漏窗边框为曲弧形,按相应定额人工乘以系数1.25。

（6）漏窗芯为异弧形,按相应定额人工乘以系数1.05。

（7）砖细坐槛栏杆定额子目只适用图7-17所示情况,不同者均另行计算。

（8）平面带枭混线脚抛枋,以一道线脚为准,若设计超过一道线,应按加工线脚的相应项目另行计算。

（二）综合实例

[例7-1] 某公园围墙长10 m,墙厚240 mm,有5只异形花窗,花窗边由4个直径为1 m的半圆弧线组成,内用小青瓦拼成鱼鳞式图案,试计算花窗定额工程量及定额基价。

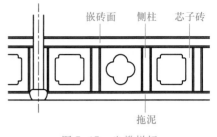

图7-17　坐槛栏杆

解:工程量计算:

$$S=[1×1+(1/2)^2×3.141\ 5×1/2×4]×5=12.85(\text{m}^2)$$

套定额7-72H:　换算人工费 $=196.432×1.05=206.25(\text{元/m}^2)$

材料费 $=94.271(\text{元/m}^2)$

换算后定额基价 $=206.25+94.271=300.521(\text{元/m}^2)$

[例7-2] 某公园围墙,有一组用方砖贴的双线圆洞门,直径为2.2 m,洞口两边均有出口,洞口底宽度为1 m,试计算这组圆洞门砖细的工程量及定额基价。

解:

圆洞门工程量:　$L=2.2×3.141\ 5-1=5.91(\text{m})$

套定额7-55:　人工费 $=272.459(\text{元/m})$

材料费 $=69.115(\text{元/m})$

基价 $=272.459+69.115=341.574(\text{元/m})$

[例7-3] 某一景墙,高度为2 m,长度为25 m,墙上设3个砖细矩形漏窗1 m×1 m,漏窗的边框为双边双出口形式,芯子0.8 m×0.8 m,宫万式,编制漏窗的工程量清单并计算漏窗工程量清单综合单价[参考《园林绿化工程工程量计算规范》（GB 50858—2013）、《浙江省园林绿化及仿古建筑工程预算定额》（2018版）和《浙江省建设工程计价规则》（2018版）,管理费率16.78%,利润率7.6%]。

解:1. 编制工程量清单

（1）计算清单工程量。砖细漏窗 $S=1×1×3=3(\text{m}^2)$

（2）分部分项编制工程量清单,见表7-1。

表7-1　分部分项工程量清单与计价表

单位工程及专业工程名称:仿古工程

序号	项目编码	项目名称	项目特征	计量单位	工程量	综合单价/元	合价/元	其中/元			备注
								人工费	机械费	管理费	
	0201	砖作工程									
1	020106001001	砖细漏窗	① 窗框出口形式:双边双出口形式; ② 窗芯形式:宫万式; ③ 窗规格尺寸:漏窗的边框 1 m×1 m,芯子 0.8 m×0.8 m	m²	3						

2. 编制工程量清单综合单价计算表

（1）计算定额组价工程量。

砖细矩形漏窗窗边框（双边双出口）工程量：$L = 1 \times 4 \times 3 = 12（m）$

砖细矩形漏窗及芯子（普通）工程量：$S = 0.8 \times 0.8 \times 3 = 1.92（m^2）$

（2）编制工程量清单综合单价计算表。

分部分项工程量清单与计价表见表7-2，分部分项工程量清单综合单价计算表见表7-3。

表7-2　分部分项工程量清单与计价表

单位工程及专业工程名称：仿古工程

序号	项目编码	项目名称	项目特征	计量单位	工程量	综合单价/元	合价/元	其中/元			备注
								人工费	机械费	管理费	
	0201	砖作工程					11 413	7 868	0	1 320	
1	020106001001	砖细漏窗	① 窗框出口形式：双边双出口形式 ② 窗芯形式：宫万式 ③ 窗规格尺寸：漏窗的边框1 m×1 m，芯子0.8 m×0.8 m	m²	3	3 804.29	11 412.93	7 867.89		1 320.24	

表7-3　分部分项工程量清单综合单价计算表

工程名称：仿古工程

序号	编号	名称	计量单位	数量	综合单价/元							合计/元
					人工费	材料费	机械费	管理费	利润	风险	小计	
1	020106001001	砖细漏窗	m²	3	2 622.63	542.26		440.08	199.32		3 804.29	11 413
	7-68	砖细矩形漏窗边框双边双出口	10 m	1.2	5 056.10	1 157.92		848.41	384.26		7 446.69	8 936
	7-70	砖细矩形漏窗及芯子平直线条普通	10 m²	0.192	9 377.97	1 235.85		1 573.62	712.73		12 900.17	2 477

二、石作工程

（一）预算定额的有关规定

（1）石料加工是对石料独立加工而编制的定额，包括加工所需要的人工费及其他零星材料费,不包括石料本身的价格。

（2）石作工程定额的石材质地统一按普坚石石料编制,如使用特坚石,其人工耗用量乘以系数1.43,次坚石的人工耗用量乘以系数0.6,材料耗用量不变。

（3）石料构件的平面和弧面加工耗工大小和石料的长度有关,凡是长度在2 m以内的套用相应定额子目计算,长度在3 m以内的按2 m以内定额子目乘以系数1.1,长度在4 m以内的按2 m以内定额子目乘以系数1.2,长度在5 m以内的按2 m以内定额子目乘以系数1.35,长度在6 m以内和6 m以上者按2 m以内定额子目乘以系数1.5。

（4）锁口石、地坪石和侧塘石的四周做快口,均按板岩口考虑,即按快口定额乘以系数0.5计算。

（5）鼓磴石制安定额中人工工日的10%作为安装人工;覆盆式柱顶石、礤石制安定额中,人工工日的6%作为安装人工。

（6）柱、梁、枋制作定额,按素面编制,若需要做线脚、雕刻花纹,应分别按线脚加工、石浮雕的相应定额分别计算。

（7）须弥座按素面,带二道线脚编制,若设计需要雕刻,应按石浮雕相应定额计算。

（8）石栏杆中柱的形式按柱头不同分为平头式、简式、繁式、兽头式,如图7-18所示。

平头式是一种带有线脚的柱头。简式是柱头上雕刻的花纹有几何图案、绦回、卷草、回纹、如意、云头及简单的花卉。繁式是柱头上雕刻的花纹有刺虎、宝相、金莲、牡丹、竹枝、梅桩、坐狮、奔鹿、舞鹤、龙、凤、翔鸾花卉鸟兽及各种山水、人物等。

（9）栏板（图7-19）分为直形、弧形、简式镂空、繁式镂空等定额子目。简式、繁式的划分参照柱子的简式、繁式。

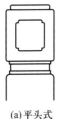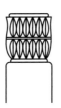

(a)平头式　　(b)简式　　(c)繁式

图7-18　石栏杆柱

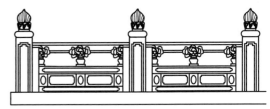

图7-19　栏板

（10）石作配件中的子目,以素面为准进行编制,若设计需要雕刻与线脚,应按相应定额计算。

（二）综合实例

[例7-4]　某地面面积为100 m²,采用特坚毛料花岗岩制作580 mm×350 mm×90 mm规格板,要求表面为三遍剁斧,试计算其制作定额基价（特坚毛料石价格2 500元/m³）。若表面要求为二步做糙,计算每平方米人工单价。

解:（1）定额石料以普坚石计,本例以特坚石计,人工换算系数为1.43。

二遍剁斧改为三遍剁斧,人工换算系数为1.2。

计算每10 m²的块数:10÷(0.58×0.35)=49.26(块)

套定额 8-53H：

人工费 $= 582.211 \times 1.43 \times 1.2 = 999.074$（元/m²）

材料费 $= 279.772 + (2\,500 - 1\,748) \times 0.151 = 393.324$（元/m²）

换算后的定额基价 $= 999.074 + 393.324 = 1\,392.398$（元/m²）

（2）二遍剁斧改为二步做糙，则人工换算系数为 0.74。

套定额 8-53H：

人工费 $= 582.211 \times 1.43 \times 0.74 = 616.096$（元/m²）

即每平方米人工单价为 616.096 元。

[例 7-5]　某公园踏步面积为 18 m²，采用普坚毛料石制作，厚度为 15 cm，长度为 2 m，加工等级为二步做糙，试计算踏步制安基价。

解：二遍剁斧改为二步做糙，则人工换算系数为 0.74。

定额 8-36H：换算后定额基价 $= 1\,000.69 + (0.74 - 1) \times 612.56 = 841.424\,4$（元/m²）

定额 8-55：定额基价 $= 101.94$（元/m²）

[例 7-6]　某方亭（图 7-20）地坪石采用 500 mm×500 mm×100 mm 特坚花岗岩机割板，阶沿石采用 1 000 mm×500 mm×150 mm 特坚花岗岩机割板，表面加工为二遍剁斧，黏结层为 1:2 水泥砂浆（厚度同定额），编制工程量清单及计算其制作安装综合单价（计价规则同前，管理费率按照 16.78%、利润率 7.6% 计取）。

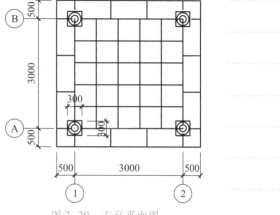

图 7-20　方亭平面图

解：1. 工程量清单的编制

（1）计算清单工程量。

地坪石清单工程量：$3 \times 3 = 9$（m²）

阶条石清单工程量：$0.5 \times (3.5 \times 4) = 7$（m²）

（2）分部分项编制工程量清单，见表 7-4。

表 7-4　分部分项工程量清单与计价表

单位工程及专业工程名称：未命名单位工程名称-仿古

序号	项目编码	项目名称	项目特征	计量单位	工程量	综合单价/元	合价/元	其中/元			备注
								人工费	机械费	管理费	
	0202	石作工程									
1	020201001001	阶条石	① 黏结层 1:2 水泥砂浆，厚度同定额 ② 1 000 mm×500 mm×150 mm 特坚花岗岩机割板阶沿石 ③ 表面加工为二遍剁斧	m³	7.00						

续表

序号	项目编码	项目名称	项目特征	计量单位	工程量	综合单价/元	合价/元	其中/元			备注
								人工费	机械费	管理费	
2	020201011001	地坪石	① 黏结层 1∶2 水泥砂浆,厚度同定额 ② 500 mm×500 mm×100 mm 特坚花岗岩机割板地坪石 ③ 表面加工为二遍剁斧	m²	9.00						

2. 工程量清单综合单价的计算

（1）定额组价计算

① 阶沿石工程量:$0.5×(3.5×4)=7(m^2)$

a. 套定额 8-149H:阶沿石制作（特坚石人工换算系数 1.43）。

换算人工费 $=112.53×1.43=160.92(元/m^2)$

材料费 $=327.13(元/m^2)$

管理费 $=(160.92+0)×16.78\%=27.00(元/m^2)$

利润 $=(160.92+0)×7.60\%=12.23(元/m^2)$

b. 套定额 8-55:阶沿石安装。

人工费 $=97.5(元/m^2)$

材料费 $=4.44(元/m^2)$

管理费 $=97.5×16.78\%=16.36(元/m^2)$

利润 $=97.5×7.60\%=7.41(元/m^2)$

② 地坪石工程量:$3×3=9(m^2)$

每 10 平方米块数 $=10÷(0.5×0.5)=40(块)$

a. 套定额 8-168H:地坪制作（特坚石人工换算系数 1.43）。

换算人工费 $=106.95×1.43=152.94(元/m^2)$

材料费 $=291.88(元/m^2)$

管理费 $=(152.94+0)×16.78\%=25.66(元/m^2)$

利润 $=(152.94+0)×7.60\%=11.62(元/m^2)$

b. 套定额 8-59:地坪石安装。

人工费 $=67.27(元/m^2)$

材料费 $=7.19(元/m^2)$

管理费 $=(67.27+0)×16.78\%=11.29(元/m^2)$

利润 $=(67.27+0)×7.60\%=5.11(元/m^2)$

（2）编制工程量清单综合单价的计算表

分部分项工程量清单与计价表见表 7-5,分部分项工程量清单综合单价计算表见表 7-6。

表 7-5　分部分项工程量清单与计价表

单位工程及专业工程名称:仿古工程

序号	项目编码	项目名称	项目特征	计量单位	工程量	综合单价/元	合价/元	其中/元			备注
								人工费	机械费	管理费	
	0202	石作工程					9 728	3 791	0	636	
1	020201001001	阶条石	① 黏结层 1:2 水泥砂浆,厚度同定额 ② 1 000 mm×500 mm×150 mm 特坚花岗岩机割板阶沿石 ③ 表面加工为二遍剁斧	m³	7	652.99	4 571	1 809		304	
2	020201011001	地坪石	① 黏结层 1:2 水泥砂浆,厚度同定额 ② 5 000 mm×500 mm×100 mm 特坚花岗岩机割板地坪石 ③ 表面加工为二遍剁斧	m²	9	572.96	5 157	1 982		333	

表 7-6　分部分项工程量清单综合单价计算表

工程名称:仿古工程　　　　　　　　　　　　　　清单号:

序号	编号	名称	计量单位	数量	综合单价/元						合计/元
					人工费	材料费	机械费	管理费	利润	小计	
	0202	石作工程									
1	020201001001	阶条石	m³	7	258.42	331.57		43.36	19.64	652.99	4 571
	8-149 换	踏步、阶沿石制作(二遍剁斧),厚度 15 cm 以内,长度 2 m 以内,特坚石	m²	7	160.92	327.13		27.00	12.23	527.28	3 691
	8-55	安装踏步、阶沿石	m²	7	97.50	4.44		16.36	7.41	125.71	880
2	020201011001	地坪石	m²	9	220.21	299.07		36.95	16.73	572.96	5 157
	8-168 换	地坪石制作(二遍剁斧 12 厚以内),每 10 m² 在 50 块以内,特坚石	m²	9	152.94	291.88		25.66	11.62	482.10	4 339
	8-59	安装地坪石	m²	9	67.27	7.19		11.29	5.11	90.86	818

思考题

1. 一般矩形漏窗、软景式条、平直式条混合砌作时,如何套用定额?

2. 飞砖式垛头,每层砖细线脚的名称是什么,定额子目兜肚是否含雕刻?

3. 砖细小配件包括哪些,计量单位是什么?

4. 砖细镶边、月洞、地穴及门窗樘套按线脚结构分为几种类型?

5. 石作工程的石材按什么材质考虑,如采用特坚石,人工耗用量如何计算?

6. 毛料石与机制板的区分?

7. 石作工程中的石料加工与石料有什么关系,定额按多少计算? 若超出定额的规定,石料加工耗工如何调整?

项目八

屋面工程

学习目标

了解仿古屋面工程相关基础知识,熟悉仿古建筑工程预算定额计量与计价规则,掌握屋面工程工程量清单的编制和工程量清单计价表的编制。

重点难点

编制仿古建筑屋面工程量清单,计算屋面工程的综合单价,编制屋面工程量清单计价表。

能力目标

根据园林及仿古建筑工程施工图编制屋面工程量清单和工程量清单计价表。能够熟练地进行仿古屋面的清单计价。

屋面构造除桁、椽等结构构件外,其他则为铺瓦筑脊,即屋顶望板或望砖以上的瓦作工程。古建筑的屋面,既有独特的构造风格,又根据采用材料及构造的不同,形成多种形式的屋面。

任务一 屋面工程基础知识

古建筑的屋面瓦作分为大式、小式两大类。大式瓦作的特点是屋脊处用筒瓦骑缝,脊上有特殊脊瓦,有吻兽等装饰。材料有琉璃瓦、筒瓦。大式瓦作多用于宫殿、庙宇。小式瓦作没有吻兽,多用蝴蝶瓦,也有筒瓦。小式瓦作常用于普通民房等,本节按

《营造法原》《清式营造则例》的瓦作做法进行介绍。

一、屋面形式

古建筑的屋顶形式非常丰富(图8-1),常见的有硬山顶、悬山顶、歇山顶、庑殿顶、攒尖顶(圆顶攒尖、四角攒尖、六角攒尖、八角攒尖)、十字顶、平顶。其中歇山顶、庑殿顶、攒尖顶中有重檐屋顶。另外,屋顶形式按其屋面上屋脊的不同,可分为尖山式顶、圆山(卷棚)式顶。

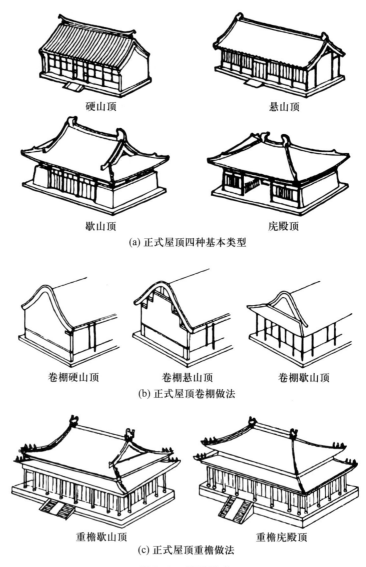

硬山顶　　　　　　　　　悬山顶

歇山顶　　　　　　　　　庑殿顶

(a) 正式屋顶四种基本类型

卷棚硬山顶　　　卷棚悬山顶　　　卷棚歇山顶

(b) 正式屋顶卷棚做法

重檐歇山顶　　　　　　　　重檐庑殿顶

(c) 正式屋顶重檐做法

图8-1　屋顶形式

硬山屋面是指山墙不露出木桁的屋面形式。悬山屋面是将桁头伸出至边贴中线以外,以支撑屋檐的结构。歇山屋面是指山墙两端的山尖墙垂直往下,向开间方向转折,再形成一片坡屋面的构造形式,相当于悬山与庑殿相交所形成的屋面。庑殿屋面为四坡顶,有5条屋脊。攒尖顶屋面是指几个坡面最后都攒在一起,在建筑中心顶部交汇于一点的一种屋面形式。

二、屋面材料及构件

1. 瓦

瓦是用陶土烧制而成,覆盖在屋顶上的一种地方建筑材料。它的主要功能有排水、防水,抵抗风霜、雨雪的侵袭,并起到保温作用。瓦的种类主要有蝴蝶瓦、筒瓦、筒瓦、勾头瓦、琉璃瓦、滴水瓦、花边瓦、黄瓜环瓦等。

蝴蝶瓦为弧形片状的瓦,可用作盖瓦、底瓦。

筒瓦为瓦形状似半圆形,用作盖瓦,土坯烧成。筒瓦屋面瓦的组件如图 8-2 所示。

滴水瓦是排水瓦的一种,在檐口底瓦处。

勾头瓦也是排水瓦的一种,在檐口盖瓦处。

黄瓜环瓦(过桥瓦)是瓦的一种,弯形如黄瓜状,盖在回顶建筑屋脊处,以代脊用,如图 8-3 所示。

图 8-2　筒瓦组件

图 8-3　黄瓜环瓦

琉璃瓦:表面上釉瓦作盖瓦,底瓦也上釉,颜色有黄色、绿色及蓝色,一般北方应用比较多。

2. 脊、吻

古建筑屋面上的脊与吻,形式多样,内容丰富。

(1) 脊:根据屋面上所处的位置不同,可分为正脊(图 8-4)、垂脊、戗脊、博脊、围脊、过桥脊、滚筒脊、泥鳅脊。

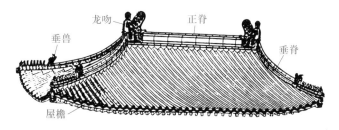

图 8-4　正脊

甘蔗脊(图 8-5)是正脊的一种,用蝴蝶瓦竖直紧密放置,在脊的两端作简单的方形回纹。它有一瓦条筑脊盖头灰、二瓦条筑脊盖头灰等形式。

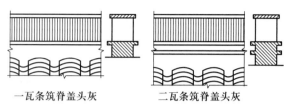

一瓦条筑脊盖头灰   二瓦条筑脊盖头灰

图8-5 甘蔗脊

游脊也是正脊的一种,是指用蝴蝶瓦相叠而斜铺的正脊。

竖带(垂带)是殿庭自正脊处沿屋面下垂的脊,如图8-6所示。

赶宕脊(博脊)是歇山屋面山墙处,山花板与山屋面交叉线上的脊,如图8-6所示。

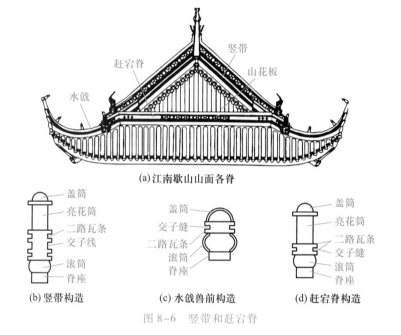

(a)江南歇山山面各脊

(b)竖带构造   (c)水戗兽前构造   (d)赶宕脊构造

图8-6 竖带和赶宕脊

滚筒是脊下部圆弧形的底座,用两筒瓦对合筑成。

亮花筒是屋脊镂空部分,用半圆瓦、亮花筒瓦对合砌成金钱形或其他形式的图案,称为"亮花",如图8-7所示。

图8-7 亮花筒

（2）吻：在筑脊的同时，往往安配上各种吻（即脊头）。吻有成品烧制而成，也有用砖、瓦、钢筋、钢丝网、石灰砂浆等建筑材料堆塑而成。吻按所处的位置不同可分为正吻、吞头、走兽（图8-8）、合角兽（图8-9）、宝顶（图8-10）。

图8-8 走兽

图8-9 围脊合角兽

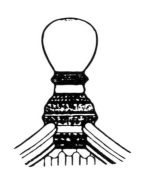

图8-10 故宫交泰殿琉璃宝顶

吞头是吻的一种，做在竖带、戗根等除正脊以外脊端头的装饰物，有成品烧制与堆塑之分。

宝顶是亭、宝塔最上面的尖顶，有葫芦状、珠泡状、六角形等，分为成品烧制、堆塑而成。

脊和吻可参见歇山屋顶构造图（图8-11）。

3. 屋面零星构件

组成屋面的构件除以上几种，还有屋面排水构件，如泛水、排山、斜沟等，同样也是不可缺少的。排山是指歇山侧面，竖带之下，博风板之上，所筑的一排屋檐。

三、屋面防水和屋面保温隔热

屋面防水的材料种类繁多，按所用的材料不同可分为刚性防水屋面（水泥砂浆钢板网找平层等）、柔性防水屋面（各种防水卷材和各种防水涂料）两种。

屋面保温隔热材料：包括各种新型保温砂浆和挤塑泡沫保温板、聚氨酯硬泡（喷涂）等。

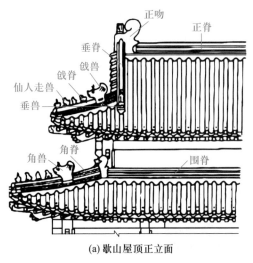

(a) 歇山屋顶正立面

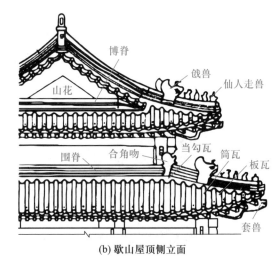

(b) 歇山屋顶侧立面

图 8-11　歇山屋顶构造

四、屋面常规施工

1. 铺望砖

屋面瓦作中有时盖瓦下面的木屋面板由望砖来代替。望砖的铺设与木椽子的形状、设计要求有关。望砖分为糙望、浇刷披线、做细平望、做细船篷轩望、做细双弯轩望等。

做细平望是指望砖底面磨平,缝口紧密。做细船篷轩望是指椽子形似船篷,上面铺望砖。做细双弯轩望是指在双弯椽子上面覆盖望砖。

2. 屋面瓦作

屋面瓦作由底瓦、盖瓦、脊、吻、滴水瓦、勾头瓦等构件组成。铺瓦的施工过程包括分中、排瓦当、号垄、拴线、铺瓦等。

(1)分中:在屋面长度方向和宽度方向找出屋面的中心线,作为铺筑屋面底瓦的中心线,在施工中称为"底瓦坐中"。

(2)排瓦当:以中间和两边底瓦为标准,分别在左、右两个区域放置瓦口木固定。

(3)号垄:将瓦口木波峰的中点平移到屋脊扎肩的灰背上,并做出标记。

(4)拴线:在确定好瓦垄位置后,在屋面上拴上横线,作为整个屋面瓦室的铺筑标准。

(5)铺瓦:按照瓦垄位置,由檐口向上,先抹灰铺底瓦,后铺盖瓦,再捉节裹垄等。

以板瓦为例,在盖瓦中,首先要选好瓦的质量(含颜色),使之符合设计的要求,其次是将砂浆均匀铺在屋面板上,然后是铺瓦。底瓦要大头向上放在结合层上,盖瓦则大头向下放置,底瓦大类向上是便于流水。底瓦与底瓦连接成沟,上一块底瓦的大部分要压着下一块底瓦,檐沟底瓦铺滴水瓦,盖瓦则铺花边勾头瓦,前后屋面顶合角处(在脊桁上)筑正脊,如果是回顶屋面,则用覆盖黄瓜环瓦来代替筑脊。

蝴蝶瓦、筒瓦的屋面底瓦不分平房、厅、殿、亭搭接一般为1/3,而盖瓦,则根据屋面的坡度、建筑的功能搭接有1/2.5、1/3.5、1/4、1/5、1/7。

任务二　屋面工程工程计量

屋面工程的预算定额子目,按屋面的部位及瓦的种类划分,包括屋面防水及排水、变形缝与止水带、保温隔热、铺望砖、小青瓦屋面、筒瓦屋面、琉璃瓦屋面等。

屋面定额工程量计算规则如下。

(1)屋面防水工程量按飞椽头或封檐口设计尺寸的投影面积乘以屋面的坡度延尺系数,以"平方米"计算。重檐建筑的屋面防水工程量计算同上,面积合并计算。

(2)屋面铺瓦工程量与屋面防水面积计算规则相同。屋面铺瓦面积不扣除屋脊、竖带、戗脊、斜沟、屋脊头所占面积。

(3)屋面铺望砖工程量按飞椽头或封檐口设计尺寸的投影面积乘以屋面坡度的延长系数,以"平方米"为计量单位计算,飞椽下隐蔽部分的望砖,另行计算工程量,套用相应的定额子目。

(4)屋脊工程量按设计尺寸扣除屋脊头长度,以"延长米"计算。垂带、环包脊按屋面坡度,以"延长米"计算。在实际使用中,不同形状的脊要分别计算和套用定额。

(5)戗脊长度按戗头至摔网椽根部(上廊桁或步桁中心)弧形长度,以"延长米"计算。戗脊根部以上的工程量另行计算。垂脊、环包脊、泥鳅脊分别计算套用相应的定额。

(6)围墙分为双落水(宽85 mm)、单落水(宽56 mm),分别以"延长米"计算工程量。滴水、勾头、花边应分别套相应的定额计算。

(7)排山、泛水、花边、滴水、斜沟等构件工程量,分别按"延长米"计算。

(8)古建筑的屋面脊头,分堆塑、烧制品。各种屋脊头、宝顶的工程量以"只"为计量单位计算,应根据屋脊头、宝顶的形状、大小分别套用相应定额的子目。

(9)防水及保温,平(屋)面以坡度≤10%为准;10%<坡度≤30%的,按相应定额子目的人工乘以系数1.18;30%<坡度≤45%及人字形、锯齿形、弧形等不规则屋面或平面,按相应定额子目的人工乘以系数1.3;坡度>45%的,按相应定额子目的人工乘以系数1.43。

任务三　屋面工程计价

一、预算定额的有关规定

(1)本项目定额子目均以平房檐高在3.6 m内为准编制,檐高超过3.6 m时,其人工乘以系数1.05。二层楼房人工乘以系数1.09,三层楼房人工乘以系数1.13,四层楼房人工乘以系数1.16,五层楼房人工乘以系数1.18。宝塔按五层楼房系数执行。

屋面铺瓦、屋脊的砌筑、戗(翼)安装等脚手架费用定额内未包括,发生时另行计算。

(2)屋面中的屋脊、垂带、干塘砌体内,若设计中需要钢筋加固,则钢筋要另行计算。

（3）屋脊中如需做各种泥塑花卉、人物,则费用另行计算。

（4）各种烧制品的屋脊头,定额子目中未含主材单价。

（5）屋面铺望砖定额子目中,做细望砖加工已包括在材料价格内。

（6）砖、瓦规格,砂浆厚度、配合比等,设计要求与定额不同时,可以换算。

（7）常用筒瓦、蝴蝶瓦不同搭接系数的消耗量按表8-1、表8-2调整。

表8-1　筒瓦屋面不同搭接系数的消耗量表　　　　　单位:张/10 m²

底瓦规格 /cm	底瓦、盖瓦规格 /cm	底瓦搭接系数			
		底瓦1/2	底瓦1/2.5	底瓦1/3	底瓦1/3.5
20×20	蝴蝶底瓦 20×20	456.52	570.65	684.78	798.91
	筒瓦盖瓦 12×22	213.44	213.44	213.44	213.44
	筒瓦盖瓦 14×28	167.70	167.70	167.70	167.70
24×24	蝴蝶底瓦 24×24	324.07	447.09	528.11	609.13
	筒瓦盖瓦 16×29.5	135.59	135.59	135.59	135.59

表8-2　蝴蝶瓦屋面不同搭接系数的消耗量调整表　　　　　单位:张/10 m²

蝴蝶底瓦 /cm	底瓦、盖瓦 /cm	底瓦搭接系数						
		1/2	1/2.5	1/3	1/3.5	1/4	1/5	1/7
16×16	底瓦 16×16	732.79	905.49	1 078.18	1 250.88			
	盖瓦 16×16		863.49	1 036.18	1 208.88	1 381.58	1 726.97	2 417.76
18×18	底瓦 18×18	597.56	736.44	875.33	1 014.22			
	盖瓦 16×16		781.25	937.50	1 093.75	1 250.00	1 562.50	2 187.50
	盖瓦 18×18		694.44	833.33	972.22	1 111.11	1 388.89	1 944.44
20×20	底瓦 20×20	498.52	612.65	726.78	840.91			
	盖瓦 16×16		713.32	855.98	998.64	1 141.30	1 426.63	1 997.28
	盖瓦 18×18		634.06	760.87	887.68	1 014.49	1 268.12	1 775.36
	盖瓦 20×20		570.65	684.78	798.91	913.04	1 141.30	1 597.36
24×24	底瓦 24×24	366.07	447.09	528.11	609.13			
	盖瓦 20×20		486.11	583.33	680.56	777.78	972.22	1 361.11
	盖瓦 24×24		405.09	486.11	567.13	648.15	810.19	1 134.26

二、工程量清单计价规则

（1）冷摊瓦、抑瓦夹梗、干搓瓦屋面按铺望瓦项目编码列项。

（2）小青瓦屋面脊及附件按筒瓦屋面相应项目编码列项。

（3）小青瓦围墙瓦顶按筒瓦屋面围墙瓦顶项目编码列项。

（4）砖胎灰塑脊按滚筒脊项目编码列项。

（5）檐口附件中含花边、滴水、勾头等相关附件。

（6）围墙瓦顶不包括檐头（口）附件。

（7）琉璃围墙瓦顶按筒瓦屋面围墙瓦顶相应项目编码列项。

三、综合实例

[例8-1] 某公园长廊为二坡卷棚式蝴蝶瓦屋面，防水层为三元乙丙丁基橡胶，如图8-12所示，屋面坡度 $i=0.45$，试编制长廊 D 轴线至④轴线的工程量清单并计算其综合单价。蝴蝶瓦屋面底瓦规格为 180 mm×180 mm×13 mm，盖瓦的规格为 180 mm×180 mm×13 mm，底瓦搭接为 1/3，盖瓦搭接为 1/3.5。管理费率按照 16.78% 计取，利润率按照 7.6% 计取，风险费不计。

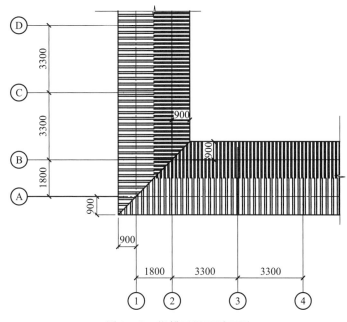

图 8-12 蝴蝶瓦屋面平面图

解：1. 工程量清单编制

（1）计算清单工程量。

① 小青瓦屋面清单工程量

蝴蝶瓦屋面面积：$S = 3.6 \times (6.6 + 1.8 + 6.6) \times 1.097 = 59.24(\text{m}^2)$

② 过垄脊清单工程量

黄瓜环脊：$L_1 = 6.6 + 1.8 + 6.6 = 15(\text{m})$

③ 檐头附件清单工程量

蝴蝶瓦滴水勾头：$L_2 = 6.6 + 6.6 + 8.4 + 8.4 = 30(\text{m})$

④ 斜沟清单工程量

蝴蝶瓦斜沟 $L_3 = \sqrt{(1.8 \times 1.097)^2 + 1.8^2} = 2.67(\text{m})$

（2）编制工程量清单

分部分项工程量清单与计价表见表8-3。

表 8-3 分部分项工程量清单与计价表

单位工程及专业工程名称:仿古工程

序号	项目编码	项目名称	项目特征描述	计量单位	工程量	综合单价/元	合价/元	其中/元			备注
								人工费	机械费	管理费	
	0206	屋面工程									
1	020601003001	小青瓦屋面	① 屋面类型:二坡卷棚式蝴蝶瓦屋面; ② 瓦件规格尺寸:底瓦规格为 180 mm×180 mm×13 mm,盖瓦规格为 180 mm×180 mm×13 mm; ③ 基层材料种类:三元乙丙丁基橡胶自粘式	m²	59.24						
2	020602006001	过垄脊	瓦脊类型、位置:蝴蝶瓦黄瓜环脊	m	15.00						
3	020602009001	檐头(口)附件	窑制瓦件类型:蝴蝶瓦滴水勾头	m	30.00						
4	020602010001	斜沟	窑制瓦件类型:蝴蝶瓦斜沟	m	2.67						
合计											

2. 工程量清单综合单价计算

（1）计算清单组价定额项目工程量

① 计算小青瓦屋面定额项目工程量

蝴蝶瓦屋面面积:$3.6×(6.6+1.8+6.6)×1.097 = 59.24 (\text{m}^2)$

三元乙丙丁基橡胶防水卷材防潮层:工程量同屋面 $= 59.24 (\text{m}^2)$

② 过垄脊定额项目工程量

黄瓜环脊:$6.6+1.8+6.6 = 15 (\text{m})$

③ 檐头附件定额项目工程量

蝴蝶瓦花边:$6.6+6.6+8.4+8.4 = 30 (\text{m})$

蝴蝶瓦滴水:$6.6+6.6+8.4+8.4 = 30 (\text{m})$

④ 斜沟清单

蝴蝶瓦斜沟:$\sqrt{(1.8×1.097)^2+1.8^2} = 2.67 (\text{m})$

（2）编制工程量清单综合单价计算表

① 查预算定额关于蝴蝶瓦、盖瓦不同规格、不同搭接系数的相应消耗量调整参考表，底瓦 8.75 百张/10 m²，盖瓦 9.72 百张/10 m²。

套定额 11-115H：

定额人工费 = 350.46（元/10 m²）

换算材料费 = 1 182.13+（9.72-8.37）×65.52+（8.75×65.52-7.28×84.48）

　　　　　　= 1 228.87（元/10 m²）

定额机械费 = 5.42（元/10 m²）

② 屋面坡度 $i = 0.45$，从定额计算规则得到人工乘以系数 1.3。

套定额 11-19H：

换算人工费 = 392.15×1.3 = 509.80（元/100 m²）

定额材料费 = 2 761.97（元/100 m²）

③ 分部分项工程量清单与计价见表 8-4，分部分项工程量清单综合单价计算见表 8-5。

表 8-4　分部分项工程量清单与计价表

单位工程及专业工程名称：仿古工程

| 序号 | 项目编码 | 项目名称 | 项目特征 | 计量单位 | 工程量 | 综合单价/元 | 合价/元 | 其中/元 | | | 备注 |
								人工费	机械费	管理费	
	0206	屋面工程					14 723	3 176	32	538	
1	020601003001	小青瓦屋面	① 屋面类型：二坡卷棚式蝴蝶瓦屋面；② 瓦件规格尺寸：底瓦规格为 180 mm×180 mm×13 mm，盖瓦规格为 180 mm×180 mm×13 mm；③ 基层材料种类：三元乙丙丁基橡胶自粘式	m²	59.24	201.11	11 914	2 378	32	405	
2	020602006001	过垄脊	瓦脊类型、位置蝴蝶瓦黄瓜环脊	m	15	86.76	1 301	359		60	
3	020602009001	檐头（口）附件	窑制瓦件类型：蝴蝶瓦滴水勾头	m	30	44.83	1 345	393		66	
4	020602010001	斜沟	窑制瓦件类型：蝴蝶瓦斜沟	m	2.67	60.92	163	46		8	
合计							14 723	3 176	32	538	

表 8-5　分部分项工程量清单综合单价计算表

工程名称:仿古工程　　　　　　　　　　　　　清单号:

序号	编号	名称	计量单位	数量	综合单价/元							合计/元
					人工费	材料费	机械费	管理费	利润	风险费用	小计	
	0206	屋面工程										
1	020601003001	小青瓦屋面: ① 屋面类型:二坡卷棚式蝴蝶瓦屋面; ② 瓦件规格尺寸:底瓦规格为180 mm×180 mm×13 mm,盖瓦规格为 180 mm×180 mm×13 mm ③ 基层材料种类:三元乙丙丁基橡胶自粘式	m²	59.24	40.14	150.51	0.54	6.83	3.09		201.11	11 914
	11-19 换	高分子卷材自粘法,一层平面,平(屋)面30% < 坡度 ≤ 45%及人字形、锯齿形、弧形等不规则屋面或平面	100 m²	0.592 4	509.80	2 761.97		85.54	38.74		3 396.05	2 012
	11-115 换	蝴蝶瓦屋面走廊、平房中蝴蝶瓦(底)180 mm×180 mm×13 mm	10 m²	5.924	350.46	1 228.87	5.42	59.72	27.05		1 671.52	9 902
2	020602006001	过垄脊,瓦脊类型、位置:蝴蝶瓦黄瓜环脊	m	15	23.90	57.03		4.01	1.82		86.76	1 301
	11-119	蝴蝶瓦屋脊黄瓜环	10 m	1.5	239.01	570.31		40.11	18.16		867.59	1 301
3	020602009001	檐头(口)附件,窑制瓦件类型:蝴蝶瓦滴水勾头	m	30	13.11	28.52		2.20	1.00		44.83	1 345

续表

序号	编号	名称	计量单位	数量	综合单价/元							合计/元
					人工费	材料费	机械费	管理费	利润	风险费用	小计	
	11–127	蝴蝶瓦花边滴水花边	10 m	3	30.69	124.93		5.15	2.33		163.10	489
	11–128	蝴蝶瓦花边滴水	10 m	3	100.44	160.24		16.85	7.63		285.16	855
4	020602010001	斜沟,窑制瓦件类型:蝴蝶瓦斜沟	m	2.67	17.21	39.51		2.89	1.31		60.92	163
	11–130	斜沟(阴角)蝴蝶瓦	10 m	0.267	172.05	395.06		28.87	13.08		609.06	163
合计												14 723

 思考题

1. 本项目中屋面工程各子目,檐高按多少米为准?若檐高超高,定额人工如何换算?

2. 指出图 8–13 屋面各部位的名称?

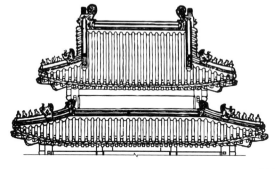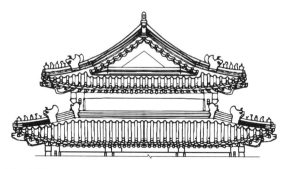

图 8–13 屋面

3. 古建筑的屋面有哪几种基本类型?

4. 古建筑的盖瓦有多少类型?

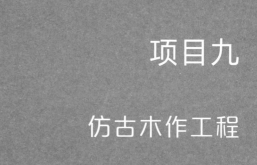

项目九

仿古木作工程

学习目标

　　了解仿古木作工程相关基础知识,熟悉仿古建筑工程预算定额计量计价规则,掌握仿古木作工程工程量清单与计价表的编制。

重点难点

　　认识仿古木作的构件,编制仿古木作工程工程量清单与计价表。

能力目标

　　根据施工图编制仿古木作工程工程量清单与计价表,能够熟练地进行仿古木作工程的清单计价。

任务一　仿古木作工程基础知识

　　中国古建筑遗产极为丰富,以木结构为主体的建筑体系自形成以来,经历了漫长的历史阶段。浙江省以《营造法原》《清式营造则例》为主,以明、清建筑风格及浙江省的传统做法为依据编写了《浙江省园林绿化及仿古建筑工程预算定额》。

一、木构架的构成

　　古建筑的木构架常用的基本构造方式有五种,即硬山建筑木构架、悬山建筑木构架、庑殿建筑木构架、歇山建筑木构架(图9-1)及攒尖建筑木构架。

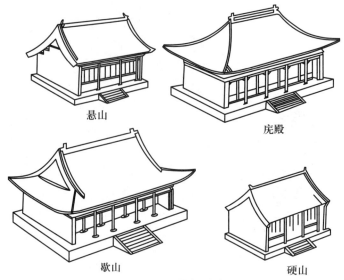

图 9-1　木构架形式

（一）木构架的主要构件

（1）古建大木四种最基本的构件为柱、梁、枋、檩（桁），柱和梁是最主要的承重构件，辅助稳定柱与梁的构件就是枋，檩（桁）是直接承受屋面荷载的构件，并将荷载传导到梁和柱。

（2）依据木构件各自的位置、作用、形状不同，柱、梁、枋各有各的名称和构造（图 9-2、图 9-3）。

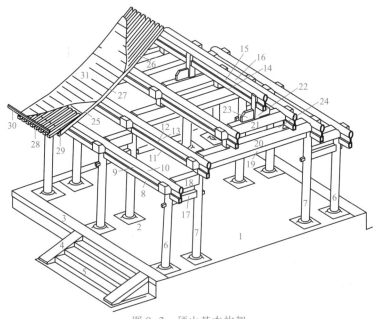

图 9-2　硬山基本构架

1—台明；2—柱础；3—阶沿石；4—垂带；5—踏步；6—檐柱；7—金柱；8—檐枋；9—檐垫板；10—檐檩；11—金枋；12—金垫板；13—金檩；14—脊枋；15—脊垫板；16—脊檩；17—穿插枋；18—抱头梁；19—随梁枋；20—五架梁；21—三架梁；22—脊瓜柱；23—脊角背；24—金瓜柱；25—檐椽；26—脑椽；27—花架椽；28—飞椽；29—小连檐；30—大连檐；31—望板

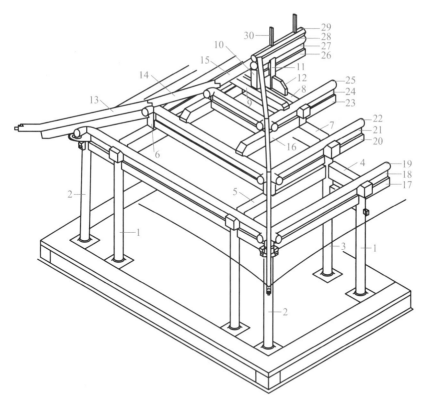

图 9-3 庑殿基本构架

1—檐柱;2—角檐柱;3—金柱;4—抱头梁;5—顺梁;6—交金瓜柱;7—五架梁;8—三架梁;9—太平梁;
10—雷公柱;11—脊瓜柱;12—角背;13—角梁;14—由戗;15—脊由戗;16—趴梁;17—檐枋;18—檐垫板;
19—檐檩;20—下金枋;21—下金垫板;22—下金檩;23—上金枋;24—上金垫板;25—上金檩;26—脊枋;
27—脊垫板;28—脊檩;29—扶脊木;30—脊桩

① 柱:包括檐柱、金柱、重檐金柱、中柱、山柱和童柱等。

② 梁:包括七架梁、五架梁、三架梁、顶梁(月梁)、双步梁、单步梁、三步梁、挑尖梁、抱头梁、挑尖顺梁、顺梁、踩步金、踩步梁、挑檐踩步梁、顺趴梁、长短趴梁、十字梁、麻叶抱头梁、抹角梁、承重梁、挑檐承重梁、太平梁、天花梁、接尾梁、插金梁、花梁头、斜抱头梁、递角梁等 30 余种。

③ 枋:包括额枋、金枋、随梁枋、穿插枋、脊枋、箍头枋、天花枋、平板枋、承椽枋、棋枋、花台枋、关门枋等。

(3)檩(桁):依据其所在位置不同,分别称为檐檩、金檩(下金、中金、上金)、脊檩。

(二)屋面木基层

构成古建木构架的构件除柱、梁、枋、檩(桁)外,还有屋面木基层及附属构件(图9-4、图9-5),包括以下几类。

(1)椽类:檐椽(又称出檐椽)、飞椽、花架椽、脑椽、罗锅椽、板椽。

(2)连檐类:大连檐、小连檐、里口木。

(3)瓦口:筒瓦瓦口、板瓦瓦口。

(4)板类:垫板、山花板、博风板、滴珠板(平坐外沿挂落板)、望板、闸挡板、椽中板、椽碗。

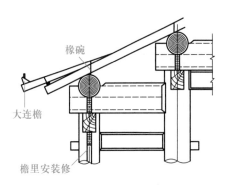
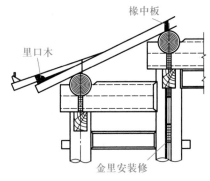

檐里安装修时，须在檐椽上安置椽碗　　　**金里安装修时，在檐椽与花架椽之间安椽中板**

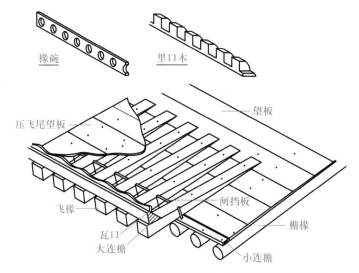

图 9-4　檐椽、飞椽、连檐、闸挡板、椽碗等件构造及组合

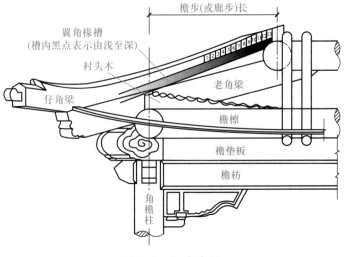

图 9-5　老、仔角梁

（5）其他：角梁（南方称老戗、嫩戗）、草架柱、燕尾枋、雀替等。

（三）木斗栱

斗栱在古建筑木构架体系中，是一个相对独立的门类，是我国古建筑屋檐下面的一种传力构件，北方称斗栱，宋代称铺作，南方民间又称牌科。由于形状特殊，对建筑也起着很好的装饰效果。斗栱除用于室外檐下柱梁之间、室内上下层梁架之间、楼房廊庑平坐之下以外，还常用于殿庑室内的其他部位，如藻井斗栱。

1. 斗栱的基本构造

斗栱实际上是由几种不同的栱件层层垒叠而成的承重积木架。组成斗栱的基本栱件有斗、栱、翘、昂、升五种，如图9-6所示。

斗：斗是整个斗栱的基础构件，形似旧时量米容器方斗而得名，由于处在斗栱最下边的一只斗，受力最大，形体也较大，故一般称为大斗或坐斗，在中间十字槽口内架设其他栱件，底面搁置在柱顶或平板枋上。它是承受第一层拱翘的基座。

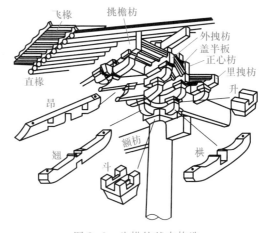

图9-6 斗栱的基本构造

栱：栱是成倒拱形的弓形曲木，在两端栱脚上安装升。它是承受其上各分件的主要受力构件。其摆向与建筑物面向平行，可以说，凡是与建筑物正面平行的弓形曲木均称为"栱"。依其所在位置不同，有正心栱、外拽栱、里拽栱之分，并按其长短和安装层次有瓜栱、万栱和厢栱之别。但总体分为正心栱和单材栱。

翘：翘是与栱形状大致相同的曲木，但方向与栱垂直相交，沿建筑物进深方向设置，卡在坐斗槽与栱上，两端脚上搁置升。它根据斗栱层数（或出踩的多少）有单翘、重翘或多翘之分。古建筑斗栱大部分向外挑出，这种向外挑出，清式称"出踩"，踩与踩中心线之间的水平距离称为"一拽架"，翘的长度就以拽架的多少而定。

昂：昂与翘方向相同，但前端为鸭嘴形状的昂头，昂尾可与翘相同，也可作为菊花头或六分头形状。在昂头上搁置斗。

升：升与斗的形状大致相同，斗为十字口，升为一字口，但体形较小，是搁置上一层栱件的基础。

2. 斗栱分类

（1）《营造法原》将斗栱分为一斗三升、一斗六升，各自又根据其伸出情况分为一字形、丁字形和十字形斗栱。

一斗三升斗栱：它是最简单的斗栱，即在坐斗上安置一个"栱"，在"栱"的左、中、右脚上各置一个升，升上承接桁檩枋，如图9-7所示。

一斗六升斗栱：在一斗三升之上再架一个三升长栱即成一斗六升，多用于要求支撑空间或悬挑宽度较大的情况，如图9-7所示。

一字形、丁字形和十字形斗栱：栱横向排列为"一"字形的斗栱称为一字形；上下层栱相互垂直叠放、单面伸出的称为"丁字形",两面伸出的称为"十字形",如图9-7所示。

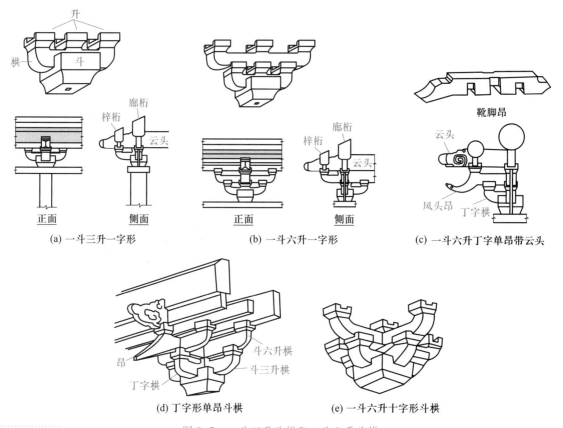

（a）一斗三升一字形　　　（b）一斗六升一字形　　　（c）一斗六升丁字单昂带云头

（d）丁字形单昂斗栱　　　（e）一斗六升十字形斗栱

图9-7　一斗三升斗栱和一斗六升斗栱

（2）《清式营造则例》根据斗栱在建筑物中的所在位置或作用分为平身科、柱头科、角科斗栱及平坐斗栱。

其中,柱头科斗栱是指正对柱顶放置的斗栱;平身科斗栱是指两柱之间,等距离放置在平板枋上的斗栱;角科斗栱是指处在转角柱上的斗栱。它们的区别在于:平身科斗栱只与桁檩枋衔接;而柱头科斗栱除桁檩枋外,还与挑梁衔接;角科斗栱则要与两个垂直方向的桁檩枋及斜角方向的角梁进行衔接。平坐斗栱是指多层建筑在二层以上所伸出的外走廊,这种走廊外伸出去的距离由斗栱支撑,将荷重传递到下层的枋或柱上。

（3）《清式营造则例》按照斗拱向外跳出数量划分为三踩、五踩、七踩、九踩等。各形式的斗拱介绍如下。

三踩单昂斗栱:斗栱在建筑面宽的垂直方向(即进深方向),里外各挑出一个距离再加栱件,《清式营造则例》称为"出踩",这挑出的距离称为"拽架",也就是说,在栱件"翘"的两端再各架一横"栱",与原中心栱形成平行的三条横栱线,这三条横线之间的距离各为一拽架,就"栱"件而言,在本身的一条横线上就可算为一踩,而另又等距离向里外的横线上各置一"栱",即各增加一踩,此称为"三踩"。也就是说,凡具有里外各一拽架的斗栱称为"三踩斗栱",具有里外各二拽架的斗栱称为"五踩斗栱",依此类推。三踩单昂斗栱是将栱件的"翘"改为"昂",则该斗栱的构件就由"坐斗"、垂直交叉的"栱"与"昂"及栱昂上的"升"等组成,形成一种单昂的斗栱;又因在昂的两端各出一踩,这样就形成了"三踩单昂斗栱",如图9-8所示。

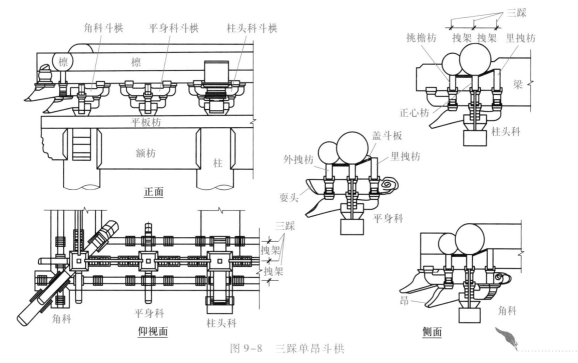

图9-8　三踩单昂斗栱

五踩单翘单昂斗栱:它的第一层为"翘",第二层为"昂",昂之上与三踩单昂斗栱一样,安置撑头木或耍头,如图9-9所示。

五踩重昂斗栱:它是在"三踩单昂斗栱"的基础上,于第一层"昂"上增加第二层"昂"而成。第二层"昂"长度比第一层"昂"长二拽架,没有翘。

七踩单翘单昂斗栱:它是在"五踩单翘单昂斗栱"的基础上,在第一层"昂"上增加第二层"昂"而成,即一层"翘"、两层"昂",如图9-9所示。

九踩重翘重昂斗栱:它是在"七踩单翘单昂斗栱"的基础上,在第一层"翘"上增加第二层"翘"而成,即双层"翘"、双层"昂",第二层"翘"长度比第一层"翘"长二拽架,如图9-9所示。

平坐斗栱:平坐是指多层建筑在二层以上所伸出的外走廊,这种走廊外伸出去的距离由斗栱支撑,将荷重传递到下层的枋或柱子上,如图9-10所示。

3. 斗栱附件

斗栱附件是指各攒斗栱之间的联系件,以及斗栱与屋顶部分的承重桁之间的联系件。包括垫栱板、正心枋、外拽枋、里拽枋、挑檐枋、井口枋、盖斗板。

二、木装修

(1)按空间部位可分为外檐装修和内檐装修两部分。凡处在室外或分隔室内外的门、窗、隔扇、风门、帘架、槛窗、栏杆等均属外檐装修。外檐装修位于室外,易受风吹日晒、雨水侵蚀,在用材断面、雕镂、花饰、做工等方面,都要考虑这些因素,较为坚固、粗壮。内檐装修,则是用于室内的装修,如落地罩、花罩、壁板、天花、藻井等。内檐装修不受风吹日晒等侵袭,与室内家具陈设在一起,具有较高的艺术观赏价值,因而在用料、做工、雕刻等方面更加精细。

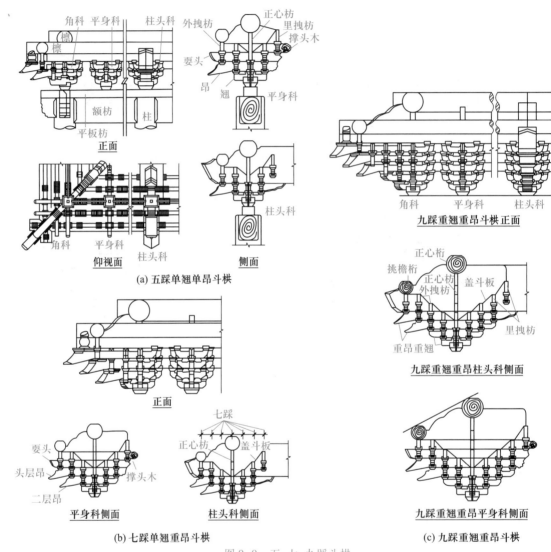

图 9-9　五、七、九踩斗栱

（2）按装修的功用可分为以下几类。

板门类:包括实踏门、攒边门、撒带门、屏门等。

隔扇类:包括隔扇、帘架、风门等。

窗类:包括槛窗、支摘窗、什锦窗、横披及楣子窗等。

栏杆、楣子类:包括坐凳楣子、倒挂楣子、寻杖栏杆、花栏杆、靠背栏杆等。

花罩类:包括室内各种花罩、栏杆罩、圆罩及室外花罩等。

天花藻井类:包括各种井口天花,海漫天花及藻井等。

其他:包括壁板、护墙板、隔断板、门头板、楼梯等。

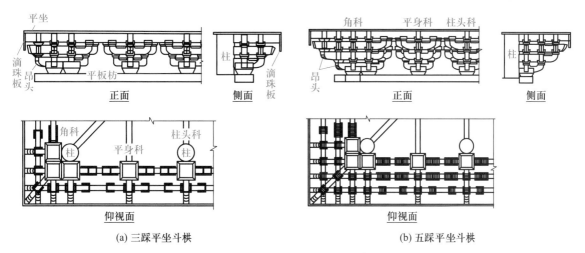

图 9-10　三、五踩平坐斗栱

三、常规施工方法

一座大型的宫殿式木构建筑,要由成千上万个单件组合而成;一座小式的构造简单的古建筑,也要有数以百计的木构件。这么多的木构件,除椽子、望板外,几乎全部是凭榫卯结合在一起。木结构的形式和榫结合的方法,是中国古代建筑的一个主要结构特点。下面简单介绍木构件的施工方法。

(1)备料:考虑"加荒",所备毛料要比实际尺寸略大一些,以备砍、刨、加工。

(2)验料:验料是指对所备材料质量进行检验,包括检验有无腐朽、虫蛀、节疤、劈裂、空心以及含水率大小等内容。

(3)材料的初步加工:大木画线以前,将荒料加工成规格材料的工作。例如,枋材宽厚去荒,刮成规格枋材;圆材径寸去荒,砍刨成规格的柱、檩材料等。其他构件材料,如垫板、飞椽、望板等也必须进行初步加工,加工成需要的规格材料,以备画线、制作。

(4)画线:画线是在已初步加工好的规格材料上把构件的尺寸、中线、侧脚、榫卯位置和大小等,用墨线表示出来。

(5)制作:按线进行操作,加工成型。

(6)安装:将制作完的柱、梁、枋、檩、垫板、椽望等木构件按设计要求组装起来。

注:《浙江省园林绿化及仿古建筑工程预算定额》(2018年版)中的木材加工方法以手工操作为主,机械为辅。

四、名词解释

(1)檐柱:位于建筑物最外围的柱子,主要承载屋檐部分重量。

(2)金柱:位于檐柱以内的柱子(位于纵中线的柱子除外)。金柱承载檐头以上屋面的重量。

(3)中柱:位于建筑物纵中线上,顶着屋脊,而不在山墙里的柱子,也有称它为"脊柱"。如果此柱贯穿两层或更多层者,则称为"通柱"。中柱一般用于跨度(即进深)较大房屋。

（4）山柱：位于建筑物两山墙位置上的中柱，它是一种特定位置的中柱。因此，中柱与山柱的区别就在于是否处在山墙上。

（5）童柱：童柱即矮柱，是指位于横梁上，下端不着地的柱子。常见于重檐或多层檐建筑当中。如果位于构架梁上，则称为瓜柱，瓜柱依其位置不同有金瓜柱和脊瓜柱之分。

（6）雷公柱：用于庑殿建筑正脊两端，支承挑出的脊桁的柱子。多角形攒尖建筑中，攒尖部分凭由戗支撑的柱子也叫雷公柱。雷公柱下脚落在太平梁上，多角亭雷公柱也有悬空做法。

（7）大梁、山界梁：屋架中的主要横梁，是决定房屋进深大小的木构件，由于《营造法原》将桁条之间的间距称为"界"，故大梁又称"界梁"，如图9-11中的大梁为四界梁；又因其在前面步柱之内，故也常称为"内四界"。山界梁是指脊尖处的界梁，由支立在四界梁上的矮柱支撑，借以承担屋脊处的重量。

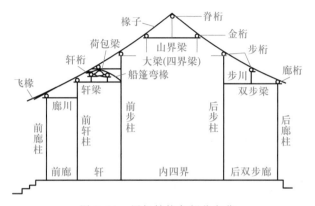

图9-11　屋架结构各部分名称

（8）双步梁、川梁：川梁又称"步川"，是界梁之外连接步柱上的横梁，一般为单步。双步梁是指川下面的梁。北方地区将"界"称为"步架"，将"界梁"称为"步架梁"。双步梁是连在步柱与廊柱上，承接步柱之外两界的廊步之梁。

（9）荷包梁：梁的立面高度方向做成凸起弯状的梁称为"荷包梁"，一般用于作为卷篷顶的横短梁，如轩梁之上或回顶三界梁之上的短梁，如图9-12所示。

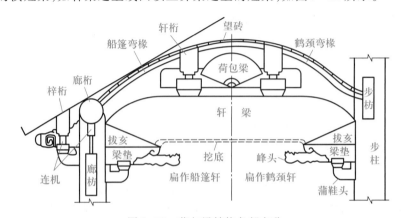

图9-12　荷包梁结构各部名称

（10）挖底：梁的底部挖去一部分，挖去的两端带圆弧形，以增加梁的美观，如图9-12所示。

（11）拔亥：拔亥也叫"剥腮"，是指将梁的两端呈斜三角形剥去1/5梁厚，以与其下的梁垫、蒲鞋头等一致，如图9-12所示。

（12）额枋：建筑物檐柱柱头之间的横向联系构件称为额枋。额枋是用于大式带斗栱建筑时的名称，无斗栱建筑称为檐枋。额枋依位置和用途不同，又分为大额枋、小额枋、单额枋和平板枋，如图9-13所示。

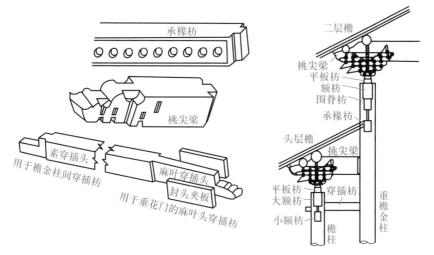

图9-13　额枋、承椽枋、穿插枋、挑尖梁等

（13）夹底：位于眉川或双步梁之下，与其平行的横向辅材，相当于北方地区的穿插枋，主要是起加强横向拉结作用，如图9-14中双步夹底所示。

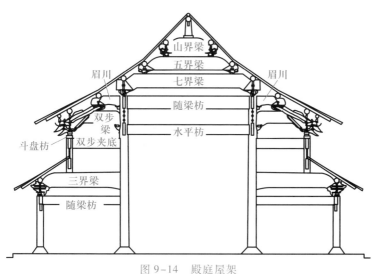

图9-14　殿庭屋架

（14）斗盘枋：顾名思义是斗下的枋，即承托斗栱底盘的枋子，北方称为平板枋，实际上，它是一种厚木板，用来承托斗栱的底座。

（15）桁条、轩桁：桁条是承托屋顶椽子的木构件，北方称为檩子，有圆木桁和方木桁之分。轩桁是指轩梁上,置于荷包梁两端的桁条,主要用来承托船篷弯椽,如图9-12所示。

（16）连机:桁条下面的辅材,它的作用主要是增强桁条的抗弯强度,充实桁条的美观和厚实感,如图9-12所示。

（17）搁栅:搁栅是用于楼房的楼板下面承重梁之间,作为次梁的木构件,它承受楼板重量并传递给承重梁。

（18）帮脊木:清式称"扶脊木",是选置在脊桁上面的构件,断面多呈六边形,如图9-15所示。

（19）椽花:搁置在桁条上用来固定木椽的构件。处在屋脊上的称"双面披",其余部位为"单面披"。

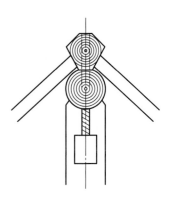

扶脊木、脊檩及其他构件

图9-15　屋脊构造

（20）椽子:椽子是垂直铺钉在桁条上,承担屋面砖瓦荷载的木条,其截面有矩形和圆形两种,圆形常在顶面削去1/4,成荷包状以铺钉望板或望砖,故有"荷包椽"之称。

（21）飞椽:飞椽是为了增添屋面的起翘度,并延长屋檐的伸出长度,而钉在出檐椽之上的椽子,如图9-14所示。

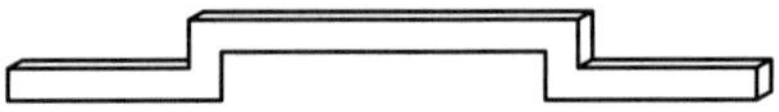

（22）茶壶挡轩椽:它是一种矩形截面的直角弯椽,如图9-16所示。

图9-16　茶壶挡轩椽

（23）撑网椽:转角部分的椽子,因为椽子之间的距离,由尾至头是逐渐斜着岔开成斜撒网状,如图9-17所示。为与正身部分椽子相区别,取名为撑网椽。撑网椽的截面有半圆形和矩形之分,半圆形称为半圆荷包形撑网椽。

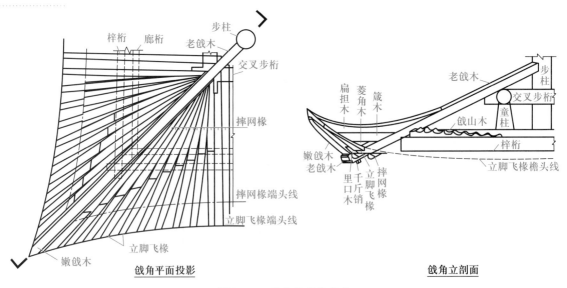

戗角平面投影

戗角立剖面

图9-17　戗角各部件组成

（24）立脚飞椽:立脚飞椽即翘飞椽,是指戗角部位的飞椽,上端逐根立起,与嫩戗端头相平,它与屋面正身部位的飞椽一样,是增加屋檐起翘和延伸屋檐宽度的构件。

（25）老戗木和嫩戗木：戗木即北方地区的角梁，老戗木即老角梁，嫩戗木即仔角梁，是屋面转角部分的承重构件。其中老戗木主要承受屋面荷载，嫩戗木主要增加屋面翼角的起翘度，如图9-17所示。

（26）戗山木（枕头木）：戗山木是为使翼角椽头部翘起，承接摔网椽的底座木，按摔网椽的间距挖成若干椽槽，钉在梓桁和廊桁上面，用以承放椽子，如图9-17所示。

（27）硬木斤销：它是贯穿老嫩戗、菱角木的加固木销，使相互之间紧固而不能动摇。一般用较硬木质材料做成。

（28）连檐木：分大连檐与小连檐。大连檐是钉附在飞檐椽椽头的横木，断面呈直角梯形，作用是联系檐口所有飞檐椽，使之成为整体。小连檐是钉附在檐椽椽头的横木，断面成直角梯形或矩形，如图9-4所示。

（29）闸椽安椽头：闸椽安椽头即北方的闸挡板，是安装在檐口处飞椽之间，堵塞飞椽空挡的挡板。闸挡板垂直于小连檐，它与小连檐配套使用，如安装里口木时，则不用小连檐和闸挡板。

（30）里口木：里口木可以看作小连檐和闸挡板两者的结合体。是用来填补飞椽与出檐椽之间空隙的木构件，如图9-4所示。关刀里口木是沿出檐椽端头线弧形上升并形成斜锯齿形的木件。

（31）椽碗板：它是在檐口处封堵直椽空挡，并固定直椽位置的构件。是在檐里安装修（装修安在檐柱间，以檐柱为界划分室内外）时，用于檐檩之上的构件。金里安装修时不用此板，如图9-4所示。

（32）瓦口板：它是承托檐口瓦的木构件，是一块用木板按照瓦垄和瓦沟的凸凹形状，锯成波浪形的木条，钉在大连檐上，在凸峰上盖檐口的勾头瓦、凹谷上盖檐口的滴水瓦，它是摆放屋面瓦垄不可缺少的样板木，如图9-4所示。

（33）封檐板：它是将飞椽连接固定，并使飞椽檐口整齐的条板。弯封檐板是指弯起上翘部位。

（34）眠檐板：在檐口处钉在椽子上用来阻止望砖滑动的木板条，如图9-18所示。

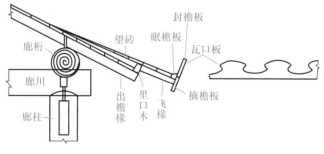

图9-18 檐口木构件

（35）梁垫：梁的两端下面的垫木（图9-19），主要作用是均匀分布梁端的作用力，并美化梁与柱的交角装饰。

（36）山雾云：山雾云是山雾云板的简称，它是在室内装饰要求较高的厅堂房屋中，屋脊用斗栱代替脊童柱，为配合斗栱的装饰豪华性，斜插在坐斗与脊桁之间的山尖装饰板，在板上雕刻有流云飞鹤等花纹图案，用以美化山界梁以上的山尖空间，如

图 9-19 所示。

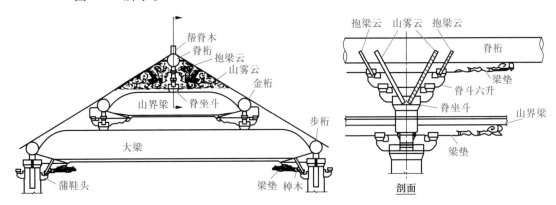

图 9-19　梁垫、山雾云、蒲鞋头、棹木、抱梁云

（37）蒲鞋头：蒲鞋头是一种半边栱，不用大斗，由栱身直接出挑半截华栱来承托梁枋，多用作梁柱交叉连接角处的装饰物，如图 9-19 所示。

（38）棹木：棹木也是配合斗栱的一种装饰板，它一般在大梁底的两端，斜插在蒲鞋头的升口上，如图 9-19 所示。

（39）水浪机：水浪机是桁下的辅助装饰木，矩形截面，相当于厚木板。在板的两面分为有雕刻花纹图案和无雕刻花纹图案两种。无雕刻花纹图案的称为光面机，有雕刻花纹图案的因图案花纹不同，命名为水浪机、金钱如意机等。

（40）抱梁云：抱梁云是与山雾云作用相同的装饰板，只是比山雾云小，斜插在升口上，如图 9-19 所示。

（41）雀替：雀替是位于横枋与立柱相交处，作为枋端的挑出垫木，一般为加强其装饰性，常雕刻成有一定图案的造型，形如鸟翼，以替代部分挂落的效果，如图 9-20 所示。

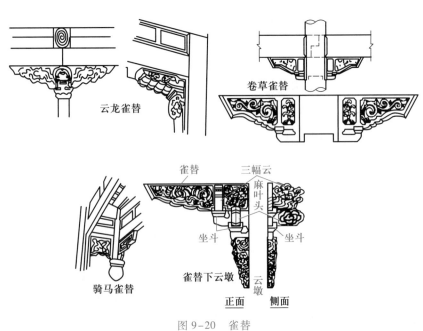

图 9-20　雀替

（42）望板:铺在直椽上,作为屋面瓦作的基层底板。

（43）摔网板:摔网板即指戗角部位,钉于摔网椽上望板、立脚飞椽上的压飞尾望板。

（44）卷戗板:卷戗板即摘檐弯板,钉在飞椽端头做遮盖板。

（45）鳌壳板:鳌壳即指厅堂屋脊部分做成圆弧形顶的木结构,《营造法原》称这种结构为回顶结构,它是在月梁的双脊桁上钉置弯椽,再在弯椽上安置草脊桁,然后安装屋面椽子铺砖瓦,如图9-21所示。鳌壳板是钉在鳌角弯椽上面,作篷状顶的木板。

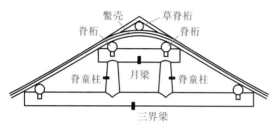

图9-21　回顶鳌角

（46）夹堂板:凡镶在两方木条之间的木板,一般都可称为夹堂板。这里是指夹在连机与枋子之间或木窗两横头之间的木板。

（47）垫栱板:在有斗栱建筑中,每组斗栱之间都相隔一定距离,这一距离的空挡要用木板填塞并将各斗栱连接起来形成整体效果,这种填塞斗栱空挡的木板称为垫栱板。

（48）垫疤板:用于歇山房屋的两端歇山山尖的墙板,即《营造法原》所称的山花板,如图9-22所示。

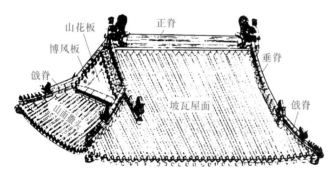

图9-22　歇山屋顶

（49）排疤板:排疤板是歇山或悬山屋顶的山尖部分屋面伸出山墙或山花板之外,钉在伸出山尖屋桁上的木板,《营造法原》称为博风板,如图9-22所示。

（50）井口天花:用枋木条做成相互垂直交叉的方格网,每个方格网称为一个井口,每个井口装一块天花板。

（51）长窗与短窗:长窗是指其高度为通长而落地的木窗,即北方地区的隔扇。凡高度比长窗矮的木窗都称为短窗。长窗的形式如图9-23所示。

（52）宫式木窗:心仔花纹图案为直角形拐弯,并以直条线形为主的花式。

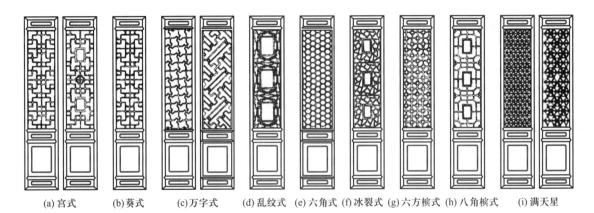

(a) 宫式　(b) 葵式　(c) 万字式　(d) 乱纹式　(e) 六角式 (f) 冰裂式 (g) 六方槟式 (h) 八角槟式　(i) 满天星

图 9-23　长窗的形式

（53）葵式木窗：在宫式花纹的基础上，花纹线条的端头带有钩形装饰头。

（54）万字式木窗：心仔花纹带有"卍"形的图案。

（55）乱纹式木窗：乱纹式是相对整纹式而言的，它们的花纹线条带有弯曲形的葵式图案，整纹式的花纹线条连续完整，并常伴有结子；而乱纹的花纹线条间断，粗细不一。

（56）各方槟式仿古式木窗：槟式即拼式，各方槟式是指除六、八角槟式以外的拼式图案，如冰裂式、步步锦等。

（57）摇梗和楹子：摇梗是指门窗扇上用于开关的旋转轴，楹子是指套住旋转轴的木轴套（在上面的称为楹木或连楹，在下面的称为门臼或下楹木）。

（58）实踏大门扇：实踏大门扇又写作"实榻大门"，因为这种门扇是用厚木板拼接，并在门板背面剔凿槽口，用5、7或9根"穿带"穿连起来加以固定，规格大、体积重，构造结实，故取名为实榻，一般多用于城门、宫殿和庙宇的大门，如图9-24所示。

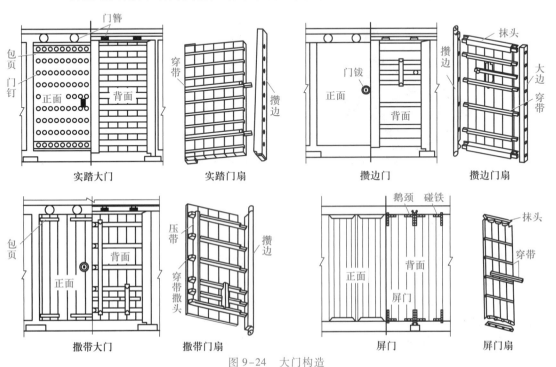

实踏大门　　实踏门扇　　　攒边门　　　攒边门扇

撒带大门　　撒带门扇　　　屏门　　　屏门扇

图 9-24　大门构造

（59）撒带大门扇：撒带大门的门板比实踏大门的薄，门板背面剔凿槽口，一般用5根穿带与门板连接，为加强门扇的结实性，穿带的一端做榫插入门轴的"攒边"中，另一端撒着用"压带"压住固定。由于所有的穿带有一端撒着头，故取名为"撒带门"，多用于临街店铺、作坊等的大门，如图9-24所示。

（60）攒边门：攒边又称"棋盘门"，它也是一种较薄板的大门。因该门板的背面，上、下、左、右四周都镶有木框，上、下的称"抹头"，将门板两端固定。左、右的称"攒边"和"大边"，将穿带两端固定，形成格子框形，故取名为棋盘门，如图9-24所示。

（61）屏门：屏门是一种用较薄的木板拼接起来的板门，主要作用是遮挡视线、分隔空间。它的开启用鹅颈和碰铁等铁件，是一种很轻便的木门，多用于园林院子内隔墙的墙洞门。

（62）贡式槛子对子门：窗形之门，即在窗槛子中所装的木门，单扇居多，装于大门两侧或侧门处，其内再装门，多为对称，故称为对子门。《营造法原》称为矮挞，它是框挡门的一种。

（63）单面敲框挡屏门：在框挡上的一面整个镶钉木板。

（64）屏门框挡：框挡即门扇板的木框，它是作为门扇尺寸不大的屏门或其他门的门扇骨架。

（65）将军门：专指显贵门第中，正间脊桁之下的大木门，它比一般门的体积大，门扇也为框挡门结构，在门扇两边还做有固定扇板，《营造法原》称为垫板和束腰。门扇之上，在额枋上做有门簪，《营造法原》称为阀阅，供挂匾额之用，甚是气派，如图9-25所示。凡对这种比较大的门，均称将军门。

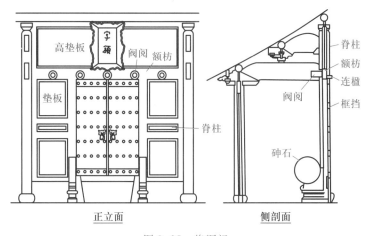

图9-25 将军门

（66）上、中、下槛和风槛：在槛框中，一般将横置的构件称为"槛"。上、中、下槛是门框中的主要横向构件，一般门窗的槛框，都是安装在房屋木构架的檐枋或金枋之下，如图9-26所示。紧贴枋木之下的是槛框最上面的一根横木，称为"上槛"。在上槛之下留一空挡，布置一根横木，称"中槛"。对门框而言，贴近地面的横木称为"下槛"，即常说的"门槛"；而对窗框而言，最下面一根横木称为"风槛"。

（67）抱框、间框和腰枋："框"是槛框中的竖向构件。古建筑的大门一般都是安装在两根檐（金）柱之间，在槛框最外边紧贴柱子的竖木称"抱框"，左右各一根；但在两根柱子之间安装窗框时,则需要两樘或三樘窗框连做,这时在框与框之间要设置一根竖木,此木称为"间框"。有些门的槛框洞口不能用全宽型门扇,而是将门扇宽度缩小,两边各空出一段位置用作装饰或安装玻璃,这样可减轻门扇的重量,这时靠门扇边还应设立一根竖木,称为"门框",在抱框和门框之间,可用横木连接分成几个小分隔,以便装板或玻璃,此连接横木称为"腰枋",如图9-26所示。

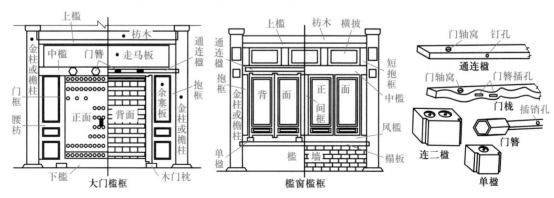

图9-26　槛框各部分名称

(68)门桄:门桄是一种带有装饰性较强的通连楹,普通连楹是一矩形截面横木,而门桄是带有弧形线型的横木,如图9-26所示,它通过门簪的穿插与中槛固定在一起。

(69)窗榻板:槛墙上皮风槛之下的平板,在现代建筑中称为窗台板,起保护槛墙面和装饰作用。

(70)门头板、余塞板:门头板又称"走马板",是大门槛框上部用以代替玻璃的遮挡板。因为用于大门的槛框,此空间一般都比较大,在古代多用木板加以镶嵌,并在其上涂油漆或绘彩画以作装饰。余塞板是指大门槛框中,抱框与门框之间的空挡填塞的木板,如图9-26所示。

(71)帘架:用于门窗上,挂垂帘子和保温设置的框架,用于隔扇门上的称为"门帘架",用于槛窗上的称为"窗帘架"。它主要由帘架框与上、下管脚组成,其中,上管脚雕凿成荷花形,称为"荷叶栓斗",下管脚也可雕凿成荷花形,称为"荷叶墩",实际上就是安装帘架的木管套,为美观起见特作的雕饰,如图9-27所示。

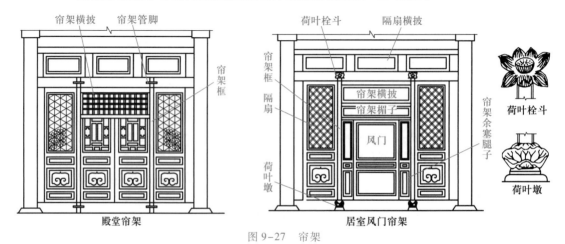

图9-27　帘架

（72）门簪："簪"即指古代妇女扎发结的别针，头大杆细。门簪即借用此而得名，它是将连楹木或门枕与中槛穿连在一起的插销构件，其端面有六角形、八角形、梅花形等，如图9-26所示。

（73）木门枕：在规格比较高的大门中，为防止下槛下沉或移动，常在下槛两端的下面垫一块石板或厚木板，并在此板上凿窝槽，以代替下槛木，此板称为"门枕石"或"木门枕"，如图9-26所示。

（74）灯景式栏杆：栏杆的花纹带有宫灯造型的图案，如图9-28所示。

（75）葵式万川、葵式乱纹栏杆：栏杆木条纹在葵式纹的基础上，分别带有万字形或乱纹线条的图案，如图9-28所示。

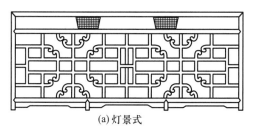
(a) 灯景式

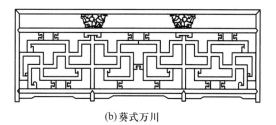
(b) 葵式万川

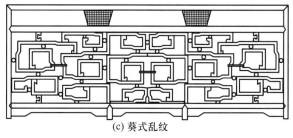
(c) 葵式乱纹

图9-28 古式栏杆

（76）直挡栏杆：扶手下面的挡木都为垂直，最简单的是矩形截面木条作直挡，比较讲究的采用西洋瓶直挡。

（77）雨达板：雨达板是指挡雨板。主要用于两处：一是用于墙外伸出作为遮雨的部分；二是有些窗下带栏杆（即地坪窗），在栏杆外钉立的挡雨板。

（78）坐槛：游廊、走廊的栏杆多带坐凳供游人休息，此凳面板称为坐槛。

（79）吴王靠：吴王靠又称"美人靠"，指与栏杆配套的靠背椅，包括靠背与坐槛，在靠背上的花纹图案，常用的有竖芯式、宫式、葵式、鹅颈靠背式等，如图9-29所示。

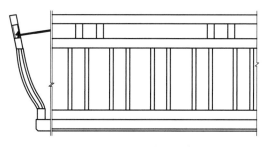
图9-29 竖芯式吴王靠

（80）挂落（倒挂楣子）：用来悬挂在柱与柱之间的枋下，用木条拼接成各种花纹图案的装饰品，《清式营造则例》中称为倒挂楣子，如图9-30所示。倒挂楣子是由外框、心屉和附加花牙子等组成。因外框与心屉组合结构不同，分为软樘与硬樘两种。硬樘结构有两道木框，外框称为大边，内框称为仔边，即它由外框内镶嵌带仔边心屉而成。软樘结构只有外框而没有仔边，即在外框内直接做无仔边的心屉。

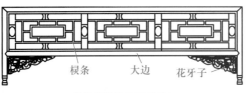

软樘倒挂楣子(步步锦)　　　　　　硬樘倒挂楣子(步步锦)

(a) 倒挂楣子

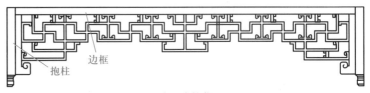

(b) 宫万式挂落

图9-30　挂落、倒挂楣子

（81）飞罩：飞罩的形式大致与挂落相似，它们的区别是挂落悬挂于室外柱间的枋木下，而飞罩是悬挂于室内柱间顶部，如图9-31所示。

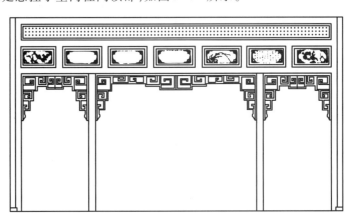

图9-31　飞罩

（82）落地圆罩、落地方罩：落地罩是相对于飞罩而言，即指两端落地的花罩。花罩的洞口有圆形、矩形和多角形。圆形洞口的花罩称为落地圆罩，矩形和多角形洞口的花罩称为落地方罩，如图9-32所示。

（83）内、外檐隔扇：隔扇又称"格子门"，它是在房屋大门以内，安装在金（檐）柱之间作为分隔室内外的一道木隔断，如在前厅与后殿、天井与殿堂等之间的分隔。这种隔扇的外框也需要做槛框，在中、下槛之间安装隔扇，安装在檐柱轴线上的称为"外檐隔扇"，安装在金柱轴线上的称为"内檐隔扇"。隔扇形式如图9-33所示。

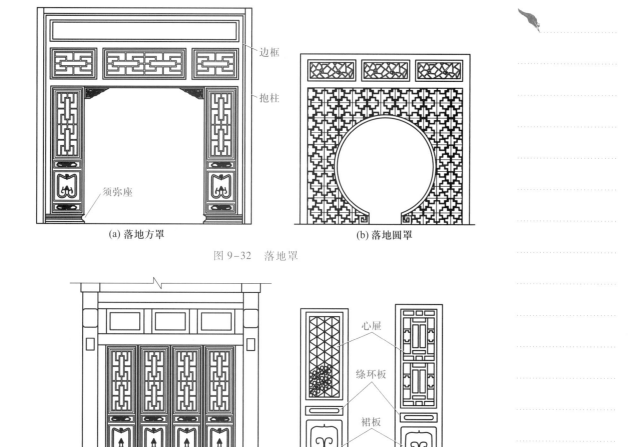

图 9-32 落地罩

图 9-33 隔扇

（84）槛窗：在房屋中做有窗台的墙称为"槛墙"，在槛墙上的窗户称为"槛窗"。槛窗由窗框与窗扇组成，在窗扇内做有格子图案的称为"心屉"（北方称仔屉），如图9-34所示。

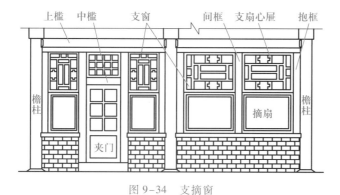

图 9-34 支摘窗

（85）灯笼锦心屉：用棂条做成以长筒形灯笼状为主的图案，在灯笼的上、下、左、右辅以花卡子而成,如图9-35所示。

图9-35　灯笼锦心屉

(86)龟背锦心屉:用棂条做成乌龟壳背的图纹样式,即以六角形为基调的图形,如图9-36所示。

图9-36　龟背锦心屉

(87)什锦窗:院墙和围墙上的牖窗,有各种各样的外形,如扇形、月洞、海棠、十字、六角等。主要构件由桶座、贴脸、仔屉三部分组成,如图9-37所示。

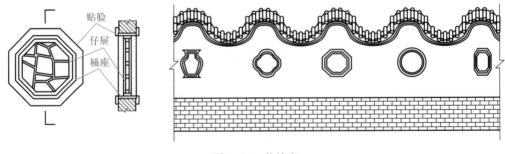

图9-37　什锦窗

(88)坐凳楣子:由坐凳和楣子组成,处在檐柱下部的地面上,供游人休息并兼作围栏使用,如图9-38所示。

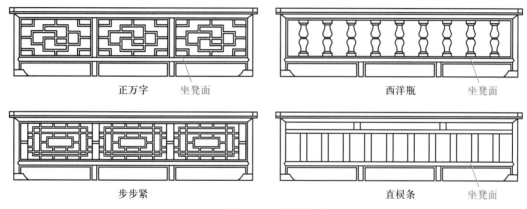

图 9-38　坐凳楣子

（89）卡子花、工字、握拳：卡子花是用于某些心屉上的连接装饰件，外轮廓成圆形的称"团花"，外轮廓成矩形的称"卡子"，卡子花的花形大致分为两类，即四季花草类和福寿字类。工字和握拳是用于不装卡子花的心屉，如图 9-39 所示。

图 9-39　门窗附件及特殊五金

任务二　仿古木作工程计量

《浙江省园林绿化及仿古建筑工程预算定额》（2018 版）第十二章仿古木作工程按照《营造法原》《清式营造则例》及浙江省的传统做法进行编制，主要包括古式木结构、屋面木基层、木斗栱、木装修和木门窗等共 513 个子目。

定额工程量计算规则如下。

1. 立贴式柱、立柱

（1）各种圆柱工程量按设计最大外形尺寸查木材材积表，以"立方米"计算；方柱按设计最大外形尺寸的长度乘以柱子截面积，以"立方米"计算。各种榫卯所占体积均不扣减。

（2）各种落地柱子的高，由柱顶石上皮量至梁、平板枋或檩的下皮，如设计要求割榫穿入柱顶石内的，应按实长计入。牌楼柱套顶下埋部分按实长计入。

（3）定额内柱的制作安装已综合考虑了榫卯制作、柱的收分及柱角的不同情况处理，套用时不做调整。若实际施工中发生了外包木柱等特殊情况，应另行计算。

2. 梁、枋、桁、机、角梁、搁栅

（1）圆梁包括大梁、山界梁、双步梁和梁上的矮柱；扁作梁包括大梁、承重梁、山界梁、轩梁、荷包梁、双步梁等。均按直径或厚度分列项目。

（2）梁、枋、桁、机、角梁、搁栅等木构件均按设计尺寸最大外形截面乘以长度，以"立方米"计算。

（3）圆形构件按设计尺寸查木材材积表，以"立方米"计算。

（4）梁、枋各构件长度的取定：当梁、枋端头为半榫或银锭（燕尾）榫者，长度算至柱子中心；当端头为穿透榫或箍头榫者，长度算至榫头外端；当长度整体外伸时，应算至端头。

（5）桁檩长度按梁架轴线之间的距离计算；相交出头部分应计算在内。硬山山墙上搁桁者量至山墙中心线。

3. 椽、望板、连檐等木基层、板类及其他部件

（1）矩形椽子根据其截面积乘以长度，以"立方米"计算。直椽以桁中至桁中斜长计算；檐椽按出挑尺寸，算至端头外皮计算。圆形椽子按设计尺寸查木材材积表，以"立方米"计算。

（2）椽花根据其截面积乘以长度，以"立方米"计算。

（3）连檐木、封檐板、瓦口板、眠檐板、椽碗板、闸椽安椽头等均按设计尺寸以"米"计算。关刀弯连檐、弯封檐板按设计尺寸以"延长米"计算。

（4）望板依其板厚，按其屋面不同几何形状的斜面积，以"平方米"计算。不扣除连檐、扶脊木、角梁等所占面积。摔网板、卷戗板、鳖壳板均按其面积计算。

（5）梁垫、蒲鞋头、山雾云、棹木、水浪机、雀替、抱梁云、硬木斤销、门簪等构件，均按"副（只、个）"等计算。

（6）垫拱板、垫疝板、排山板等按设计尺寸以"平方米"计算。其中垫疝板不扣除檩窝所占的面积。

4. 木斗栱

（1）斗栱均以"座"为单位进行计算。

（2）斗拱以"座"计算，里口木、瓦口板等以"米"计算，填棋板（垫棋板）、垫疝板等均按设计最大外形尺寸以"平方米"计算。

5. 古式木门窗、木栏杆、吴王靠等木装修

仿古建筑中的木装修，定额内的门窗类项目采取《营造法原》与《清式营造则例》做法结合来设置子目。《清式营造则例》做法将门窗的槛、框、扇分开，以适应中式槛、框上安中式或新式门窗扇,新式门框安装中式门窗扇等不同的组合方式。

（1）古式木窗的各种窗扇制作均按窗扇面积,以"平方米"计算。各式窗框制作按上框、中框、下框和抱坎等的框长,以"米"计算。木窗框扇安装按窗扇面积计算。

（2）贡式樘子对子门、单拼屏门、单面敞框挡屏门等均按门扇面积,以"平方米"计算;屏门框挡按框长以"米"计算。

（3）各种槛、框、腰枋、门栊按长度以"米"计算。

（4）窗榻板、坐凳面按最大外伸长度乘以宽度以"平方米"计算。

（5）门头板、余塞板按垂直投影面积计算。

（6）帘架大框以边框外围面积计算,下边以地面上皮为准。

（7）隔扇、槛窗、支摘窗、攒边门、倒挂楣子等均按边抹外围面积计算。

（8）各种心屉(不包括什锦窗心屉)有仔边者按仔边外围面积计算,无仔边者按所接触的边抹里口面积计算。

（9）古式栏杆按栏杆外框面积,以"平方米"计算;直挡栏杆以地面上皮至扶手上皮之间的高度乘以长度(不扣除望柱)以"平方米"计算。

（10）鹅颈靠背(美人靠)按上口长度计算。

（11）井口天花按井口枋里口(贴梁外口)面积计算,应扣除藻井所占面积,不扣除梁枋所占面积。

（12）挂落、飞罩、落地罩等均按其长度,以"米"进行计算。

（13）雕刻工程量按框内的花板面积计算,无框的按雕刻花纹的最大外围矩形尺寸面积计算。

任务三　仿古木作工程计价

一、预算定额有关计价规定

1.预算定额计价的总体说明

（1）定额将木材分为以下四类。

一类:红松、水桐木、樟子松。

二类:白松、杉松、云杉、杉木、椴木、洋松、杨木、柳木。

三类:青松、黄花松、秋子木、马尾松、东北榆木、柏木、苦楝木、梓木、黄菠萝、椿木、楠木、柚木、樟木。

四类:栎木(柞木)、檀木、色木、槐木、荔木、麻栗木(麻栎、青杠)、桦木、荷木、水曲柳、华北榆木、榉木、枫木、橡木、核桃木、樱桃木。

（2）扁作梁、枋、椽、立贴式木柱、古式门窗、栏杆、挂落、飞罩、心屉、隔扇等木构件、木装修木材除注明者外,以一、二类木种为准。如使用三、四类木种时,其制作人工耗用量乘以系数 1.3,安装人工耗用量乘以系数 1.15。

定额内木材以刨光为准,如糙介不刨光者,木工乘以系数 0.5,圆木、枋材含量均改为 10.5 m³/10 m³。

（3）实际所用的木构件规格尺寸与定额不同时，材料可换算。

2. 柱、梁、板、枋、桁、斗栱等

（1）圆梁和扁作梁中各构件，均以挖底、不拔亥为准，如拔亥者，其人工乘以系数1.1；如不挖底者，其人工应乘以系数0.95。

（2）轩枋套枋类定额人工乘以系数1.35。

（3）定额内各种梁，均以普通梁头为准，若设计要求挖翘栱者，另行计算。

（4）角梁、扶脊木、搭交桁檩等的扣碗槽挖凿、霸王拳制作等已包括在定额内，不另行计算。若角梁头雕刻龙头等复杂花式面，应另行计算。

（5）现浇板下钉椽子定额按预埋木砖考虑，若实际不同，进行换算。

（6）小连檐与闸挡板等同于里口木，安装里口木时，不得同时计算小连檐与闸挡板。

（7）在檐桁上安装有椽碗板的，不得同时计算椽花。

（8）各种斗栱的制作均包括翘、昂、耍头、撑头、桁碗、栱、升、斗等全部部件的制作，以及挖翘、栱眼等所需的工料。

（9）在混凝土构件上安装木斗栱时，木斗栱制作安装套用相应定额，预埋件按实际结算。

（10）定额内的一斗三升、一斗六升、单昂斗栱、重昂斗栱的尺寸以五七式（19.8 cm×19.8 cm×14 cm）净料为准。如做四六式（15.68 cm×15.68 cm×11.2 cm）者，枋材乘以系数0.65，人工乘以系数0.8；如做双四六式（33.6 cm×33.6 cm×22.4 cm）者，枋材乘以系数2.3，人工乘以系数1.44。

3. 古式木门窗、古式栏杆、坐凳、倒挂楣子等

（1）古式木长窗扇、古式木短窗扇、多角圆形短窗扇边梃毛料规格为5.5 cm×7.5 cm，古式押角乱纹嵌玻璃纱窗、仿古式窗扇边梃毛料规格为5 cm×7 cm，古式普通纱窗边梃毛料规格为4.5 cm×6.5 cm。如设计不同时，枋材换算。

（2）长窗框制作毛料规格上坎为11.5 cm×11.5 cm，下坎为11.5 cm×22 cm，抱坎为9.5 cm×10.5 cm，与设计不同时，枋材可换算。

（3）短窗框制作毛料规格上、下坎分别为11.5 cm×11.5 cm，抱坎为9.5 cm×10.5 cm，与设计不同时，枋材可换算。短窗框制作用下连楹为准，如用上下连楹者，每10 m增加楹子枋材0.009 m³；如全部用短楹者，每10 m扣除楹子枋材0.006 m³。

（4）门窗定额中的"小五金及门锁"均未包括，发生时费用另计。

（5）灯景式栏杆、葵式万川、葵式乱纹栏杆边框分别为5 cm×7 cm、5.5 cm×7 cm、5.5 cm×7.5 cm，设计不同，枋材可换算。

（6）门簪截面不分六边形、八边形或是否带梅花线，定额均不做调整，端面以素面为准，带雕饰者，另行计算。

（7）各种坐凳及倒挂楣子制安包括边抹、心屉及白菜头、楣子腿等框以外延伸部分，但不包括工字、握拳、卡子花、团花及花牙子的制安。

（8）实踏大门、攒边大门安装包括安套筒钉、门钹。

（9）隔扇、槛窗及帘架上的横披窗套用槛窗及心屉定额；支摘窗上的横披窗（包括夹门上亮窗）套用支摘窗定额。

（10）支摘窗制作包括边抹及心屉,隔扇、槛窗、支摘窗及夹门、楣子、花式栏杆、什锦窗仔所用的卡子花、团花、工字、握拳另行计算。

（11）隔扇、槛窗定额已包括边抹企线、起凸、打凹及裙板,未包括心屉、裙板及绦环板的雕饰。

（12）隔扇、槛窗安装采用鹅颈、碰铁者,另行计算;支摘窗纱扇安装套用支摘窗扇安装定额,支摘纱窗心屉制作包括钉纱。

（13）什锦窗桶座已综合考虑了墙体不同的厚度;贴脸、仔屉均以单面为准,棂条仔屉已综合考虑了各种花形。

4.其他

（1）定额中的木构件除本身制作时要求带简单的雕刻线的构件外（如水浪机）,其余构件均未包括雕刻。如发生雕刻,则按相应定额计算。

（2）木雕定额仅为雕刻费用,花板框架制作安装按相应的定额计算,木雕定额按单面雕刻考虑,双面雕刻乘以系数2。木雕定额以A级木材雕刻为准;若为B级木材,定额乘以系数1.25;C级木材,定额乘以系数1.5。

（3）A、B、C级木材分类如下。

A级木材:原始杉木、东北松、椴木、桦木、榆木、白杨木、银杏木、水曲柳、樟木等。

B级木材:亮楞木、山樟木、菠萝格木、铜糙木等。

C级木材:铁糙木、花梨木、红木等。

二、综合实例

[例9-1] ××廊平面图如图9-40所示、屋顶仰视图如图9-41所示、剖面图如图9-42所示,木结构,木材采用杉木,柱子伸入柱础内,根据《浙江省园林绿化及仿古建筑工程预算定额》（2018年版）编列廊的木构件的工程量清单及清单计价表（设管理费率16.78%、利润率7.6%）。

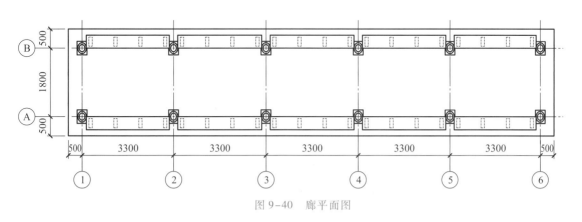

图9-40 廊平面图

解:1.编制工程量清单

（1）列表计算清单工程量,见表9-1。

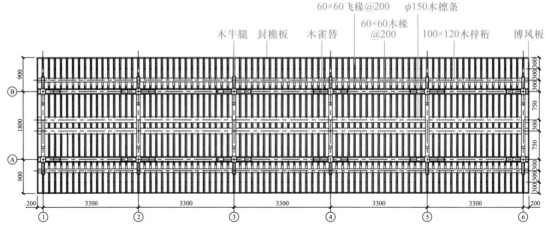

图 9-41　廊架仰视平面图

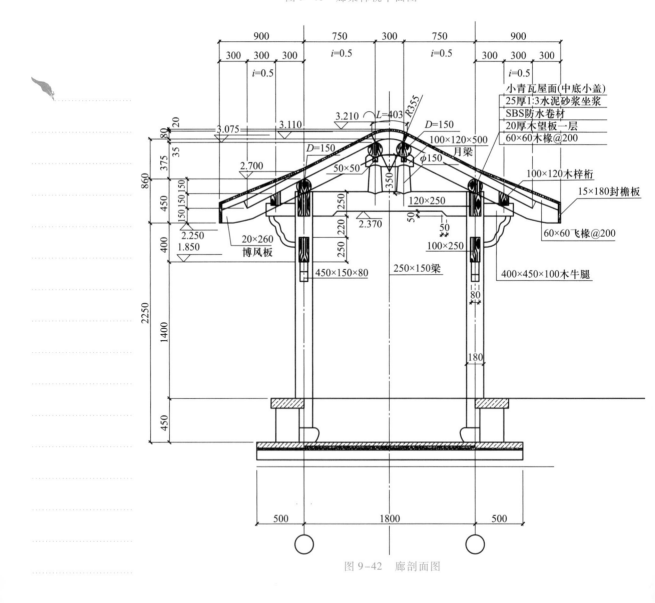

图 9-42　廊剖面图

表 9-1　××廊清单工程量计算表

序号	项目名称	单位	工程数量	工程量计算式	备注
1	杉木圆柱 ϕ180 mm	m³	0.948	$V=12\times0.079=0.948$	$H=2\,570$ mm,查材积表材积为 0.079 m³
2	方木梁(月梁) 100 mm×120 mm	m³	0.036	$V=0.10\times0.12\times0.5\times6=0.036$	
3	方木梁(挖底) 150 mm×250 mm	m³	0.405	$V=0.15\times0.25\times1.8\times6=0.405$	
4	脊瓜柱 ϕ150 mm	m³	0.078	$V=0.006\,5\times12=0.078$	$H=350$ mm,查材积表材积为 0.006 5 m³
5	木枋 120 mm×250 mm	m³	1.014	$V=0.12\times0.25\times16.9\times2=1.014$	
6	木枋 100 mm×250 mm	m³	0.845	$V=0.10\times0.25\times16.9\times2=0.845$	
7	木连机 50 mm×50 mm	m³	0.085	$V=0.05\times0.05\times16.9\times2=0.085$	
8	方木梓桁 100 mm×120 mm	m³	0.406	$V=0.1\times0.12\times16.9\times2=0.406$	
9	圆木桁 ϕ150 mm	m³	1.540	$V_1=0.075\times12=0.9$ $V_2=0.08\times8=0.64$ $V=0.9+0.64=1.54$	圆木长度暂按屋架区分: $L3300$ mm 计 12 根,查材积表材为 0.075 m³; $L3500$ mm 计 8 根,材积为 0.08 m³
10	矩形双弯轩椽 60 mm×60@200 mm	m³	0.125	椽根数: $H=16.9\div0.2+1=86$(根) $V=0.06\times0.06\times86\times0.043=0.125$	
11	木椽 60 mm×60@200 mm	m³	0.935	$L=0.6+0.75=1.35$ $V=0.06\times0.06\times1.35\times1.118\times86\times2=0.935$	$I=0.5$ 坡系为 1.118
12	飞椽 60 mm×60@200 mm	m³	0.623	$V=0.06\times0.06\times0.9\times1.118\times86\times2=0.623$	$I=0.5$ 坡系为 1.118
13	20 mm 厚木望板	m²	85.024	$L=(0.6+0.75+0.9)\times2=4.5$ $S=4.5\times16.9\times1.118=85.024=85.024$	

序号	项目名称	单位	工程数量	工程量计算式	备注
14	20 mm 厚鳖壳板	m²	6.81	$S = 0.403 \times 16.9 = 6.81$	
15	木封檐板 15 mm×180 mm	m	33.8	$L = 16.9 \times 2 = 33.8$	
16	木博风板 20 mm×260 mm	m²	2.068	$L = [0.9 + 0.75 - (0.403 - 0.3) \div 2] \times 2 \times 2 \times 1.118 + 0.403 \times 2 = 7.954$ $S = 7.954 \times 0.26 = 2.068$	$I = 0.5$ 坡系为 1.118
17	木雀替	只	20	$N = 20$	
18	木牛腿 400 mm× 450 mm×100 mm	只	12	$N = 12$	

（2）编制工程量清单表，见表 9-2。

表 9-2　分部分项工程量清单与计价表

单位工程及专业工程名称：仿古廊

序号	项目编码	项目名称	项目特征	计量单位	工程量	综合单价/元	合价/元	其中/元			备注
								人工费	机械费	管理费	
	0205	木作工程									
1	020501001001	圆柱	杉木圆柱 φ180 mm	m³	0.95						
2	020502002001	矩形梁	150 mm×250 mm 杉木矩形梁，挖底 50 mm	m³	0.41						
3	020502002002	矩形梁	100 mm×120 mm×500 mm 杉木矩形梁，月梁	m³	0.04						
4	020503004001	额枋	120 mm×250 mm 杉木枋	m³	1.01						
5	020503004002	额枋	100 mm×250 mm 杉木枋	m³	0.85						
6	020501004002	童(瓜)柱	φ150 mm 杉木脊瓜柱	m³	0.08						
7	020503003001	替木	50 mm×50 mm 杉木连机	m³	0.09						
8	020503002001	方桁(檩)	100 mm×120 mm 杉木梓桁	m³	0.41						
9	020503001001	圆桁(檩)	φ150 mm 杉木圆桁	m³	1.54						
10	020505003001	矩形罗锅(轩)椽	60 mm×60@ 200 mm 矩形双弯轩椽，杉木	m³	0.13						
11	020505002001	矩形椽	60 mm×60@ 200 mm 矩形杉木椽	m³	0.94						
12	020505007001	矩形飞椽	60 mm×60@ 200 mm 矩形杉木飞椽	m³	0.62						

续表

序号	项目编码	项目名称	项目特征	计量单位	工程量	综合单价/元	合价/元	人工费	机械费	管理费	备注
								其中/元			
13	020508025001	清水望板	20 mm 厚木望板,杉木	m²	85.02						
14	020506013001	鳖壳板	20 mm 厚鳖壳板,杉木	m²	6.81						
15	020508019001	封檐板	15 mm×180 mm 杉木封檐板	m	33.80						
16	020508028001	博风板	20 mm×260 mm 杉木博风板	m²	2.07						
17	020508010001	雀替	木雀替,杉木	块	20						
18	05B001	牛腿	400 mm×450 mm×100 mm 木牛腿,杉木	只	12						

2. 编制综合单价计算表

（1）组价定额换算。

① 定额 12-36H,矩形梁,杉木月梁(不挖底),人工乘以系数 0.95。

换算人工费 = 18 341.46×0.95 = 17 424.39(元/10 m³)

② 定额 12-233H,封檐板,设计 1.5 mm×18 mm 与定额 2.5 mm×25 mm 不同,杉板枋材按照比例换算。

换算杉板枋材消耗量 = (1.5×18)÷(2.5×25)×0.08 = 0.034 56

换算材料费 = 131.47+(0.034 56-0.08)×1 625 = 57.63(元/10 m)

③ 定额 12-247H,牛腿,设计 40 mm×45 mm×10 mm 与定额 65 mm×45 mm×15 mm 不同,杉板枋材按比例换算。

换算杉板枋材消耗量 = (40×45×10)÷(65×45×15)×0.642 = 0.263 22

换算材料费 = 1 043.25+(0.263 2-0.642)×1 625 = 427.73(元/10 只)

（2）分部分项工程量清单与计价表见表 9-3,分部分项工程量清单综合单价计算表见表 9-4。

表 9-3　分部分项工程量清单与计价表

单位工程及专业工程名称:仿古廊

序号	项目编码	项目名称	项目特征	计量单位	工程量	综合单价/元	合价/元	人工费	机械费	管理费	备注
								其中			
	0205	木作工程					41 898	18 177	177	3 080	
1	020501001001	圆柱	杉木圆柱 φ180 mm	m³	0.95	5 398.73	5 129	2 618	19	442	
2	020502002001	矩形梁	150 mm×250 mm 杉木矩形梁,挖底 50 mm	m³	0.41	4 085.86	1 675	752	8	127	

序号	项目编码	项目名称	项目特征	计量单位	工程量	综合单价/元	合价/元	人工费	机械费	管理费	备注
3	020502002002	矩形梁	100 mm×120 mm×500 mm 杉木矩形梁,月梁	m³	0.04	3 971.79	159	70	1	12	
4	020503004001	额枋	120 mm×250 mm 杉木枋	m³	1.01	3 735.60	3 773	1 478	18	251	
5	020503004002	额枋	100 mm×250 mm 杉木枋	m³	0.85	3 735.60	3 175	1 244	15	211	
6	020501004002	童(瓜)柱	φ150 mm 杉木脊瓜柱	m³	0.08	5 357.95	429	225	2	38	
7	020503003001	替木	50 mm×50 mm 杉木连机	m³	0.09	4 311.30	388	175	2	30	
8	020503002001	方桁(檩)	100 mm×120 mm 杉木梓桁	m³	0.41	3 249.23	1 332	455	6	77	
9	020503001001	圆桁(檩)	φ150 mm 杉木圆桁	m³	1.54	3 512.98	5 410	1 841	29	314	
10	020505003001	矩形罗锅(轩)椽	60 mm×60@ 200 mm 矩形双弯轩椽,杉木	m³	0.13	10 889.87	1 416	832	2	140	
11	020505002001	矩形椽	60 mm×60@ 200 mm 矩形杉木椽	m³	0.94	3 240.37	3 046	956	14	163	
12	020505007001	矩形飞椽	60 mm×60@ 200 mm 矩形杉木飞椽	m³	0.62	4 691.06	2 908	1 293	9	219	
13	020508025001	清水望板	20 mm 厚木望板,杉木	m²	85.02	75.00	6 377	2 273	33	387	
14	020506013001	鳖壳板	20 mm 厚鳖壳板,杉木	m²	6.81	72.37	493	202	2	34	
15	020508019001	封檐板	15 mm×180 mm 杉木封檐板	m	33.8	14.12	477	223	4	38	
16	020508028001	博风板	20 mm×260 mm 杉木博风板	m²	2.07	194.48	403	219	1	37	
17	020508010001	雀替	木雀替,杉木	块	20	103.49	2 070	1 138	6	192	
18	05B001	牛腿	400 mm×450 mm×100 mm 木牛腿,杉木	只	12	269.91	3 239	2 186	6	368	

表 9-4　分部分项工程量清单综合单价计算表

工程名称:仿古廊

序号	编号	名称	计量单位	数量	人工费	材料费	机械费	管理费	利润	风险费用	小计	合计/元
	0205	木作工程										
1	020501001001	圆柱:杉木圆柱 φ180 mm	m³	0.95	2 755.64	1 946.50	19.91	465.74	210.94		5 398.73	5 129
	12-2	立贴式圆柱 φ18 cm 以内制作、安装	10 m³	0.095	27 556.37	19 464.97	199.08	4 657.36	2 109.41		53 987.19	5 129

续表

序号	编号	名称	计量单位	数量	综合单价/元							合计/元
					人工费	材料费	机械费	管理费	利润	风险费用	小计	
2	020502002001	矩形梁：150 mm×250 mm 杉木矩形梁，挖底 50 mm	m³	0.41	1 834.15	1 781.21	18.76	310.92	140.82		4 085.86	1 675
	12-36	矩形梁：架梁、山界梁、轩梁、荷包梁、双步梁厚 24 cm 以内制作、安装	10 m³	0.041	18 341.46	17 812.13	187.61	3 109.18	1 408.21		40 858.59	1 675
3	020502002002	矩形梁：100 mm×120 mm×500 mm 杉木矩形梁，月梁	m³	0.04	1 742.44	1 781.21	18.76	295.53	133.85		3 971.79	159
	12-36 换	矩形梁：架梁、山界梁、轩梁、荷包梁、双步梁厚 24 cm 以内制作、安装，不挖底	10 m³	0.004	17 424.39	17 812.13	187.61	2 955.29	1 338.51		39 717.93	159
4	020503004001	额枋：120 mm×250 mm 杉木枋	m³	1.01	1 463.08	1 894.22	17.37	248.42	112.51		3 735.60	3 773
	12-73	穿枋、额枋（平板枋）、夹底（随梁枋）、斗盘枋等厚度 12 cm 以内制作、安装	10 m³	0.101	14 630.76	18 942.21	173.69	2 484.19	1 125.14		37 355.99	3 773
5	020503004002	额枋：100 mm×250 mm 杉木枋	m³	0.85	1 463.08	1 894.22	17.37	248.42	112.51		3 735.60	3 175

| 序号 | 编号 | 名称 | 计量单位 | 数量 | 综合单价/元 | | | | | | | 合计/元 |
					人工费	材料费	机械费	管理费	利润	风险费用	小计	
	12-73	穿枋、额枋（平板枋）、夹底（随梁枋）、斗盘枋等厚度 12 cm 以内制作、安装	10 m³	0.085	14 630.76	18 942.21	173.69	2 484.19	1 125.14		37 355.99	3 175
6	020501004002	童（瓜）柱 φ150 mm 杉木脊瓜柱	m³	0.08	2 808.65	1 835.70	23.20	475.18	215.22		5 357.95	429
	12-24	童（瓜）柱 φ24 cm 以内制作、安装	10 m³	0.008	28 086.47	18 357.03	231.95	4 751.83	2 152.20		53 579.48	429
7	020503003001	替木：50 mm ×50 mm 杉木连机	m³	0.09	1 941.34	1 870.91	20.70	329.23	149.12		4 311.30	388
	12-70	方木替木（连机、桁下枋）厚度 8 cm 以内制作、安装	10 m³	0.009	19 413.44	18 709.08	207.03	3 292.31	1 491.16		43 113.02	388
8	020503002001	方桁（檩）100 mm×120 mm 杉木梓桁	m³	0.41	1 108.89	1 850.30	15.83	188.73	85.48		3 249.23	1 332
	12-64	方木桁（檩）条厚度 11 cm 以内制作、安装	10 m³	0.041	11 088.86	18 503.04	158.29	1 887.27	854.78		32 492.24	1 332
9	020503001001	圆桁（檩）：φ150 mm 杉木圆桁	m³	1.54	1 195.38	2 002.70	18.87	203.75	92.28		3 512.98	5 410
	12-47	圆木桁（檩）条直径 φ16 cm 以内制作、安装	10 m³	0.154	11 953.76	20 026.98	188.71	2 037.51	922.83		35 129.79	5 410

续表

序号	编号	名称	计量单位	数量	综合单价/元							合计/元
					人工费	材料费	机械费	管理费	利润	风险费用	小计	
10	020505003001	矩形罗锅（轩）椽:60 mm×60@200 mm矩形双弯轩椽,杉木	m³	0.13	6 400.45	2 910.43	14.92	1 076.50	487.57		10 889.87	1 416
	12-102	矩形双弯轩椽周长25 cm以内制作、安装	10 m³	0.013	64 004.46	29 104.25	149.21	10 764.99	4 875.68		108 898.59	1 416
11	020505002001	矩形椽:60 mm×60@200 mm矩形杉木椽	m³	0.94	1 016.86	1 957.04	14.92	173.13	78.42		3 240.37	3 046
	12-91	矩形椽子周长30 cm以内制作、安装	10 m³	0.094	10 168.62	19 570.43	149.21	1 731.33	784.16		32 403.75	3 046
12	020505007001	矩形飞椽:60 mm×60@200 mm矩形杉飞椽	m³	0.62	2 085.42	2 078.65	14.92	352.44	159.63		4 691.06	2 908
	12-110	矩形飞椽周长25 cm以内制作、安装	10 m³	0.062	20 854.17	20 786.49	149.21	3 524.37	1 596.26		46 910.50	2 908
13	020508025001	清水望板:20 mm厚木望板,杉木	m²	85.02	26.74	41.26	0.39	4.55	2.06		75.00	6 377
	12-243	清水望板规格板厚2 cm制作、安装	10 m²	8.502	267.38	412.63	3.87	45.52	20.62		750.02	6 377
14	020506013001	鳖壳板:20 cm厚鳖壳板,杉木	m²	6.81	29.68	35.04	0.33	5.04	2.28		72.37	493

续表

序号	编号	名称	计量单位	数量	综合单价/元							合计/元
					人工费	材料费	机械费	管理费	利润	风险费用	小计	
	12-175	鳌壳板厚度 2 cm 以内制作、安装	10 m²	0.681	296.83	350.40	3.25	50.35	22.81		723.64	493
15	020508019001	封檐板:15 mm×180 mm 杉木封檐板	m	33.8	6.60	5.76	0.12	1.13	0.51		14.12	477
	12-233 换	封檐板规格 2.5 cm×25 cm 制作、安装	10 m	3.38	66.03	57.63	1.23	11.29	5.11		141.29	478
16	020508028001	博风板:20 mm×260 mm 杉木博风板	m²	2.07	105.56	62.45	0.59	17.81	8.07		194.48	403
	12-245	排疤板(博风板)规格板厚 3 cm 制作、安装	10 m²	0.207	1 055.55	624.45	5.85	178.10	80.67		1 944.62	403
17	020508010001	雀替:木雀替,杉木	块	20	56.89	32.34	0.31	9.60	4.35		103.49	2 070
	12-229	素雀替规格 90 cm×9 cm×20 cm 以内制作、安装	10 块	2	568.85	323.38	3.07	95.97	43.47		1 034.74	2 069
18	05B001	牛腿 400 mm×450 mm×100 mm 木牛腿,杉木	只	12	182.13	42.77	0.49	30.64	13.88		269.91	3 239
	12-247 换	牛腿规格 65 cm×45 cm×15 cm 以内制作、安装	10 只	1.2	1 821.25	427.73	4.88	306.42	138.79		2 699.07	3 239

思考题

1. 简述斗栱的基本构造。

2. 什么是飞椽、摔网椽、立脚飞椽、椽子,各用在哪些部位?

3. 什么是连檐木、闸椽安椽头、里口木,它们之间有什么关系?

4. [例9-1]中,木材改为柳桉木时(假设柳桉为 3 000 元/m³),梁、枋综合单价分别为多少?

参考文献

［1］住房和城乡建设部标准定额研究所.建设工程工程量清单计价规范:GB 50500—2013［S］.北京:中国计划出版社,2013.

［2］住房和城乡建设部标准定额研究所.园林绿化工程工程量计算规范:GB 50858—2013［S］.北京:中国计划出版社,2013.

［3］住房和城乡建设部标准定额研究所.仿古建筑工程工程量计算规范:GB 50855—2013［S］.北京:中国计划出版社,2013.

［4］浙江省建设工程造价管理总站.浙江省园林绿化及仿古建筑工程预算定额(2018 版)［S］.北京:中国计划出版社,2018.

［5］浙江省建设工程造价管理总站.浙江省建设工程计价规则(2018 版)［S］.北京:中国计划出版社,2018.

［6］浙江省发展和改革委员会.浙江省建设工程其他费用定额(2018 版)［S］.北京:中国计划出版社,2020.

［7］舒美英,李文博.园林工程概预算［M］.北京:经济科学出版社,2021.

［8］温日琨.园林工程计量与计价［M］.北京:中国林业出版社,2020.

［9］曹仪民,马行耀.建设工程计量与计价实务［M］.北京:中国计划出版社,2019.

［10］全国造价工程师培训教材编写委员会.建设工程造价管理基础知识［M］.北京:中国计划出版社,2020.

读者意见反馈

为收集对教材的意见建议,进一步完善教材编写并做好服务工作,读者可将对本教材的意见建议通过如下渠道反馈至我社。

咨询电话　400-810-0598

反馈邮箱　gjdzfwb@pub.hep.cn

通信地址　北京市朝阳区惠新东街 4 号富盛大厦 1 座
　　　　　高等教育出版社总编辑办公室

邮政编码　100029